진짜 명장들의 특별한 **요리 이야기**

한국의 셰프들

진짜 명장들의 특별한 **요리 이야기**

한국의 셰프들

초판 1쇄 2016년 3월 1일
2쇄 2016년 6월 1일

지은이 이종임 · 안효주 · 박효남 · 여경옥 **엮은이** 이길남
사 진 이강신(스튜디오케이 www.studiok.co.kr)
디자인 이지나(JNF DESIGN)
푸드스타일리스트 김유림(일식, 중식, 양식) · 박정윤(한식)
펴낸이 전호림 **제2편집장 · 담당PD** 권병규 **펴낸곳** 매경출판㈜
등 록 2003년 4월 24일 (No. 2-3759)
주 소 우) 04557 서울시 중구 충무로 2(필동1가) 매일경제 별관 2층 매경출판㈜
홈페이지 www.mkbook.co.kr
전 화 02) 2000-2610(기획편집) 02) 2000-2636(마케팅) 02) 2000-2606(구입 문의)
팩 스 02) 2000-2609 **이메일** publish@mk.co.kr
인쇄·제본 ㈜M-print 031) 8071-0961

ISBN 979-11-5542-408-7(03590)
값 22,000원

진짜 **명장**들의 특별한 **요리 이야기**

한국의 셰프들

이종임·안효주·박효남·여경옥 지음 | **이길남** 엮음

생각정거장

진짜 명장들의 특별한 요리 이야기

한국의 셰프들

책을 시작하며

대한민국 요리명장 프로젝트, '한국의 셰프들'을 처음 기획한 후 2년이라는 시간이 지났습니다. 시작은 칼럼이었습니다. 대한민국을 대표하는 최고 요리명장들을 만나 그분들의 요리와 삶에 대한 글을 썼습니다. 그러면서 자연스레 명장들의 철학을 이해할 수 있었고 결국 책 출간까지 이르게 되었습니다. 엮은이로서 무한한 영광과 기쁨을 느낍니다.

책 작업에 앞서 '한국의 셰프들' 칼럼에 함께해 주신 심영순, 윤숙자, 이향방, 한복려, 한복선, 한복진, 김수진, 배한철, 이병우, 이민, 에드워드권, 왕육성, 여경래, 대안스님께 이번 기회를 통해 다시 한 번 진심으로 감사의 말씀을 전합니다.

더불어 이번 책 작업을 함께해 주신 이종임, 안효주, 박효남, 여경옥 선생님께도 깊이 감사를 드립니다. 또한 제작에 많은 도움 주신 몽고식품, 광주요, 부산삼진어묵, 하늘도예, W&J Platform 등 관계자 여러분들께도 감사드립니다.

'한국의 셰프들'은 다양한 콘텐츠, 다양한 플랫폼으로 기획된 만큼 앞으로도 여러분을 계속 찾아갈 것이며, 한국의 식문화 발전에도 기여할 수 있도록 많은 노력을 하겠습니다.

요리 연구에 열정을 바치고 계신 분들, 음식을 사랑하는 모든 분들께 이 책이 작게나마 도움이 되기를 바랍니다.

엮은이 | 이길남

Contents

Chapter_1

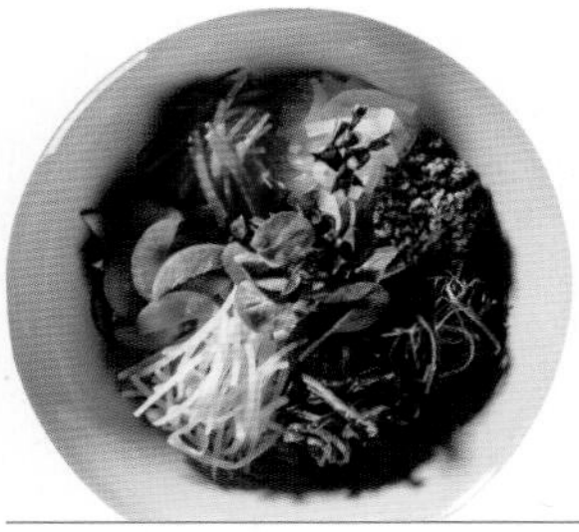

Chapter_2

한식대가 **이종임**

Lee Jong Im

스타 셰프의 원조
이 종 임

우후죽순처럼 생겨난 '먹방', '셰프 방송'의 원조는 어디일까. 서울 종로에 위치한 국내 최초의 요리학원, 글로벌푸드아트수도조리전문학교(구 수도요리학원)에 가면 옛날 브라운관 TV로 만났던 친숙한 사람을 만날 수 있다. 바로 1980년대를 주름 잡았던 원조 요리프로그램의 주인공 이종임(65) 요리연구가다.
이종임 요리연구가는 8년 전 요리의 길에 들어선 딸 박보경 교수까지 포함해 3대에 걸쳐 50년 넘게 한 우물만 파온 자타공인 최고 요리교육 명가의 딸이자 어머니다.
우리나라 대표 1세대 요리연구가 고 하선정 선생의 조카이기도 하다. 하선정 선생의 친동생인 어머니 하숙정 씨는 일본에서 대학 졸업 후 1965년 우리나라 최초의 요리학원인 수도요리학원을 설립했다. 90세가 넘은 그는 먹고 살기 힘든 시절 아무도 우리 요리에 관심이 없을 때부터 전국을 돌아다니며 우리 요리 연구와 식생활 개선을 위해 노력했다.
이종임 요리연구가 역시 식품공학박사, 대한민국 국가기술자격 조리기능장, 대한식문화연구원장, 한양대 식품영양학과 겸임교수로 40년 넘게 어머니의 뒤를 따르고 있다. 재밌는 건 그의 딸 박보경 교수까지 무려 3대가 같은 길을 걷고 있다는 사실이다.
이종임 요리연구가가 본격적으로 대중 앞에 선 것은 1981년 공중파 프로그램 〈오늘의 요리〉에 요리선생님으로 출연하면서다. 덕분에 평일 오전에는 모든 국민이 그의 얼굴을 마주할 수 있었다. 〈오늘의 요리〉는 남편들을 출근시키고 한숨 돌리는 주부들을 대상으로 시작했지만, 이윽고 대한민국 남녀노소 모두에게 사랑 받는 프로그램으로 발전해 한때 최고 시청률이 50%를 넘기도 했다. 방송이 끝난 직후 전국 곳곳의 식품점에서는 해당 방송의 요리 재료가 순식간에 동나버렸다는 이야기도 전해진다. 그는 이 방송을 발판으로 1980~1990년대 요리전문가로서 최고의 전성기를 누렸다.
50년의 전통을 가진 수도요리학원은 수도조리직업전문학교로 발전하여 지금까지 졸업생만 20만 명이 훌쩍 넘는다. 이들은 조리명장, 대학교수, 셰프 등 요리 각 분야에서 최고의 자리를 지키고 있다. 현재 하숙정, 이종임, 박보경 3대 모녀가 함께 가고 있는 이 길은 퓨전이란 이름으로 변질된 현대 한식이 아닌, '한식 본연의 맛'이다. 그 길을 어머니의 어머니가 그리고 딸의 딸이 걸어가고 있다.

이종임

대한민국 조리기능장
現 글로벌푸드아트수도조리전문학교
(구 수도요리학원) 학장
사단법인 대한식문화연구원 원장
한양대학교 겸임교수

어머니로부터
내려온
손맛을 잇다

Master Chef of
Lee Jong

대한민국 대표
한식 요리 명가名家

하숙정, 이종임, 박보경 3대 모녀가 함께 가고 있는 이 길은 퓨전이란 이름으로 변질된 현대 한식이 아닌, '한식 본연의 맛'이다. 그 길을 어머니의 어머니가 그리고 딸의 딸이 걸어가고 있다.

어느덧 40여 년의
세월이 흘러

Master Chef of Korea
Lee Jong Im

Master Chef of Korea
Lee Jong In

Contents

맛간장

재료 : 조선간장(국간장) 4컵, 채수 2컵, 청주 1컵, 흑설탕 1컵, 조청 1컵, 레몬 1/2개
채수재료 : 물1l, 다시마 10×10cm, 양파 1/2개, 건표고버섯 3개, 건사과 1/4개, 양파껍질 2개분, 대파 1/3대, 마늘 1통, 통후추 1t

만드는 법

❶ 냄비에 물과 채수재료를 넣고 한소끔 끓인 후 다시 중불에서 30분 정도 끓여 면포에 걸러 채수를 만든다.
❷ 냄비에 조선간장, 채수, 청주, 흑설탕, 조청을 넣고 한소끔 끓인 후 다시 약불에서 5분 정도 끓인다.
❸ ②에 슬라이스한 레몬을 넣고 하루 정도 숙성시킨 후 레몬은 건져내고 병에 담아 보관한다.

Key Point

* 한국음식의 맛을 내는 기본양념은 장이다. 집에서 담근 조선간장으로 맛간장을 만들어 고기양념, 조림, 볶음, 게장, 새우장 등 각종 음식에 넣는 것이 이종임만의 건강음식 비결이다.
* 냉동실에서는 6개월 정도 보관가능하다.
* 맛간장을 사용할 경우엔 흑설탕을 넣지 않아도 된다.
* 채수 대신 육수로 만들 경우엔 멸치, 건새우를 넣고 끓여도 된다.

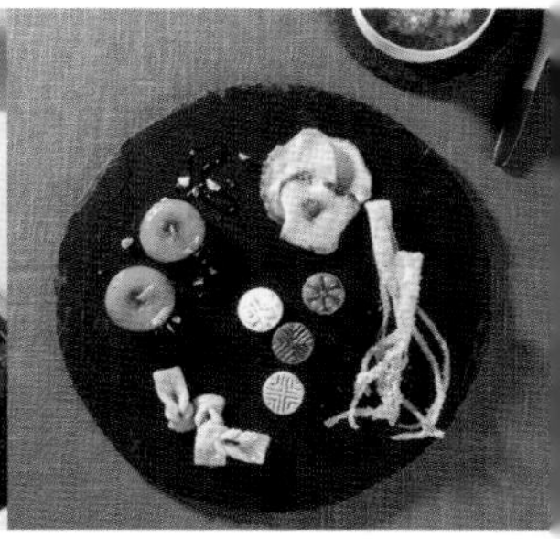

비빔밥

재료

현미밥 4인분, 간쇠고기 100g, 당근 100g, 청포묵 1/4모, 콩나물 150g, 불린 표고버섯 3장, 애호박나물 1/2개, 세발나물 100g, 베이비채소·다시마튀각·잣·소금·깨소금·참기름·식용유 약간

* **양념고추장 :** 고추장 1/2컵, 배즙 2T, 꿀 1t, 잣 1t, 참기름 1T
* **고기·버섯양념 :** 간장 1T, 설탕 1t, 다진파·다진마늘·깨소금·후춧가루·참기름 약간
* **나물양념 :** 소금, 깨소금, 참기름

만드는 법

❶ 현미밥은 고슬고슬하게 지어놓는다.
❷ 간쇠고기는 고기·버섯양념으로 양념하여 볶고 청포묵은 채 썬다.
❸ 당근은 채 썰어 소금간하여 볶고 콩나물은 다듬어 데친 후 양념한다.
❹ 애호박은 반달로 썰어 소금에 절였다가 물기를 제거한 후 양념하여 기름에 볶는다.
❺ 불린 표고는 기둥을 떼고 곱게 채 썰어 고기·버섯양념으로 양념하여 기름에 볶는다.
❻ 세발나물은 살짝 데쳐 양념한다.
❼ 다시마는 물수건으로 싸서 부드럽게 한 후 0.8cm 너비 10cm 길이로 썰어 매듭을 지은 후 잣을 박고 양끝을 리본모양으로 잘라낸 다음 기름에 튀긴다.
❽ 고추장에 나머지 재료를 분량대로 섞어 양념고추장을 만들어 잣을 넣는다.
❾ 준비한 재료를 밥 위에 보기 좋게 돌려 담고 중심에 베이비채소를 얹은 후 양념고추장을 곁들인다.

새우연근채

재료

중하 8마리, 연근 1/2개, 생표고버섯 3장, 미나리 10줄기, 숙주 150g, 맛간장 1/2T, 참기름 1t, 소금·식용유 약간

* **홍시드레싱 :** 홍시 1개, 감식초 1T, 레몬즙 1T, 소금 약간

만드는 법

❶ 중하는 머리를 떼고 내장을 제거해 끓는 물에 삶아 익힌 후 건져 껍질을 벗긴다.
❷ 연근은 껍질을 벗겨 3mm 두께로 둥글납작하게 썰어 끓는 물에 소금을 넣고 살짝 데친다.
❸ 생표고버섯은 납작하게 썰어 소금, 참기름으로 간하여 볶는다.
❹ 미나리는 4cm 길이로 썰어 살짝 데쳐 건진 후 냉수에 헹군다.
❺ 숙주는 거두절미한 후 소금 넣은 물에 데친 다음 식힌다.
❻ 껍질과 씨를 제거한 홍시에 식초, 레몬즙, 소금을 넣고 믹서기에 갈아 홍시 드레싱을 만든다.
❼ 위 재료를 섞어 맛간장, 참기름으로 간하여 그릇에 담고 홍시드레싱을 끼얹는다.

모둠전

재료

중하 4마리, 생표고버섯 4개, 미니파프리카 2개, 애호박 4쪽, 풋고추 1개, 홍고추 1개, 간쇠고기 50g, 두부 20g, 밀가루 1/4컵, 계란 1개, 소금·식용유 약간

* **고기양념 :** 소금·후추·깨소금·다진마늘·참기름 약간
* **초간장 :** 맛간장 2T, 식초 1T, 물 1T, 솔잎·홍실 약간

만드는 법

❶ 중하는 머리를 떼고 꼬리만 남겨 껍질을 벗긴 후, 내장을 제거한 다음 등 쪽에 칼집을 넣는다.
❷ ①에 청주, 소금, 후추를 뿌린다.
❸ 생표고버섯은 행주로 잘 닦아낸 후 기둥을 떼고 칼집을 넣는다.
❹ 애호박은 6~7mm 두께로 썰어 소금물에 살짝 데치고 미니파프리카는 반을 갈라 씨를 제거한다.
❺ 두부는 면포에 싸서 물기를 꼭 짠 후 으깨고, 간쇠고기는 고기양념으로 양념한다.
❻ 파프리카와 생표고버섯은 안쪽 면에 밀가루를 묻히고 양념한 고기를 각각 편편하게 채운다.
❼ 호박과 새우에 밀가루를 묻혀 계란물을 적신다. 호박에는 풋·홍고추를 얹어 기름 두른 팬에 새우전과 호박전을 지진다.
❽ 파프리카와 생표고버섯은 뒷면에만 밀가루, 계란물을 씌워 각각 전을 지진다.
❾ 각종 전을 모둠으로 담고 초간장을 곁들여낸다.

연어고추장 양념구이

재료

연어 2쪽, 양파 4쪽, 토마토 4쪽, 베이비채소·식용유·소금·후추 약간

* **고추장양념 :** 고추장 2T, 청주 1T, 매실청 1T, 다진마늘 1/2T, 송송썬실파 1T, 통깨 1t

Tip

연어 대신 메로로 해도 좋다.

만드는 법

❶ 연어는 청주, 소금, 후추로 밑간을 한다.
❷ 분량대로 재료를 섞어 고추장양념을 만든다.
❸ 양파, 토마토는 0.5cm 두께로 둥글납작하게 썬다. 여기에 소금, 후추를 뿌려 팬에서 굽는다.
❹ 팬에 기름을 두르고 ①의 연어를 넣어 앞뒤로 구워 익힌다. 여기에 ②의 양념을 발라 다시 굽는다(그릴에서 구워도 좋다).
❺ 그릇에 연어와 채소구이를 켜켜이 담고 베이비채소를 얹는다.

구절판

재료

쇠고기 100g, 새우 6마리, 죽순 1개, 오이 1/2개, 당근 80g, 표고버섯작은것 3개, 계란 1개, 잣가루 1T, 소금·식용유 약간

* **삼색밀전병 :**
밀가루 1/2컵, 물 1/2컵, 소금
밀가루 1/2컵, 시금치즙 1/2컵, 소금
밀가루 1/2컵, 당근즙 1/2컵, 소금
* **고기·버섯양념 :** 맛간장 1 1/2T, 설탕 1/2t, 참기름·후추 약간
* **겨자초장 :** 갠겨자 2T, 매실청 1T, 우유 1T, 식초 1T, 간장 1/2t, 잣가루 1T

만드는 법

❶ 계란은 노른자와 흰자를 분리하여 소금을 넣어 잘 저은 후 황백지단을 부쳐 곱게 채 썬다.
❷ 죽순은 끓는 물에 데친 후 곱게 채 썰고 당근도 곱게 채 썬 다음 각각 기름에 소금간하여 볶는다.
❸ 오이는 4cm 길이로 토막 내어 돌려깎기하고 채 썰어 소금에 절였다가 물기를 짠 후 기름에 살짝 볶는다.
❹ 새우는 머리를 떼고 내장을 제거한 후 끓는 물에 데쳐 껍질을 제거한 후 반을 포 뜬다.
❺ 쇠고기는 4cm 길이로 곱게 채 썰어 고기·버섯양념으로 밑간하여 기름에 볶는다.
❻ 불린 표고는 얇게 포 뜬 후 곱게 채 썰어 고기·버섯양념으로 무쳐 기름에 살짝 볶는다.
❼ 밀가루를 3등분하여 각각 물, 시금치즙, 당근즙으로 묽게 반죽하여 삼색밀전병을 부친 다음 잣가루를 뿌린다.
❽ 갠겨자에 양념을 넣고 혼합하여 겨자초장을 만든다.
❾ 접시에 위 재료와 밀전병을 보기 좋게 담고 겨자초장을 곁들인다.

앤다이브 홍어회

재료

앤다이브 12장, 홍어 300g, 무 100g, 배 1/4개, 미나리 10줄기, 대파 1/4대, 풋고추 2개, 식초 3T, 설탕 1T, 소금 약간

* **회무침양념 :** 고춧가루 3T, 고추장 1T, 다진마늘 2T, 2배식초 2T, 매실청 1T, 통깨 1T
* **고명 :** 배채, 미나리잎

만드는 법

❶ 앤다이브는 한 잎씩 떼어 씻어 길이를 맞춰 썰어놓는다.
❷ 홍어는 잘게 썰어 식초(3T)에 30분 정도 재운 다음 물기를 꼭 짠다.
❸ 무, 배, 미나리, 대파, 풋고추는 잘게 썰고 무는 식초(1T), 설탕, 소금에 절였다가 물기를 꼭 짠다.
❹ 분량대로 섞어 회무침양념을 만든다.
❺ 절인 홍어에 양념을 넣고 고루 무친 후 채소를 넣고 버무린다. 여기에 통깨를 넣어 홍어회를 만든다.
❻ 앤다이브에 홍어회를 담고 배, 풋고추채 고명을 얹는다.

구기자
전복새우찜

재료

전복 4개, 중하 4마리, 연근 1/3개, 노루궁뎅이버섯 2송이, 은행 12알, 레몬 4쪽

* **양념장 :** 맛간장 4T, 매실청 2T, 조청 2T, 구기자 1T, 식용유 2T
* **채수 :** 다시마 2쪽(10X10cm), 무 50g, 건표고버섯 1개, 양파 1/6개, 양파껍질 1개분, 마늘 3쪽, 생강 1쪽, 물 3컵

만드는 법

❶ 전복은 솔로 비벼 깨끗이 씻은 후 껍질 째 끓는 물에 살짝 데쳐 전복살을 떼어낸 다음 내장을 제거하고 칼집을 넣는다.
❷ 전복살에 청주, 생강즙을 뿌려 재운다.
❸ 김 오른 찜통에 전복껍데기를 올리고 그 속에 ②의 전복을 담아 30분 정도 찐다.
❹ 중하는 내장을 제거한 후 씻어놓는다.
❺ 연근은 0.5cm 두께로 썰어 식초물에 데쳐 물에 헹군다.
❻ 노루궁뎅이버섯은 2~4등분 한다.
❼ 냄비에 물과 재료를 분량대로 넣고 20분 정도 끓여 체에 걸러 채수를 만든다.
❽ 넓은 냄비에 채수(1 1/2컵)와 양념장을 넣고 끓으면 연근을 먼저 넣고 졸인다. 여기에 구기자, 전복, 새우를 넣고 좀 더 조린 후 버섯을 넣어 살짝 익힌다.
❾ 전복 껍데기에 전복과 은행을 담고 새우, 연근과 버섯조림을 담은 후 레몬을 곁들인다.

아스파라거스 돼지고기 구이

재료

아스파라거스 8줄기, 돼지고기(샤브샤브용) 8쪽, 검정깨 1t

* **고기양념 :** 맛간장 1T, 매실청 1T, 청주 1T, 다진 마늘 1t, 깨소금 1t, 후추·참기름 약간

만드는 법

❶ 아스파라거스는 끓는 소금물에 살짝 데친다.
❷ 아스파라거스에 샤브샤브용 고기를 나선형으로 돌려가며 말아놓는다.
❸ 분량대로 섞어 고기양념장을 만든다.
❹ ②의 고기 위에 양념장을 끼얹어 10분 정도 재운다.
❺ 그릴이나 후라이팬에 ④의 아스파라거스를 넣고 돌려가며 굽는다.
❻ 접시에 아스파라거스 고기구이를 담고 검정깨를 뿌린다.

갈비찜

재료

쇠갈비 600g, 생표고버섯 2개, 밤 4개, 수삼작은 것 2뿌리, 대추 4개, 홍파프리카 1/6개, 청파프리카 1/6개, 은행 8알

* **양념장 :** 맛간장 4T, 배즙 1/4컵, 청주 2T, 매실청 2T, 다진파 2T, 다진마늘 1T, 깨소금 1t, 후춧가루·참기름 약간씩

TIP

완성된 갈비찜을 연잎에 싸서 30분 정도 찜통에 넣어 찜을 해도 된다.

만드는 법

❶ 갈비는 먹기 좋은 크기로 토막 낸 후 물에 담가 핏물을 제거하고 끓는 물에 살짝 삶아낸다.
❷ 밤은 껍질을 벗기고 수삼, 대추는 다듬어놓는다.
❸ 생표고버섯은 2등분하고 은행은 기름에 볶아놓는다.
❹ 청·홍파프리카는 마름모꼴로 썬다.
❺ 분량대로 재료를 섞어 양념장을 만든다.
❻ 압력솥에 갈비, 밤, 수삼, 양념장을 넣고 물 1컵을 부어 20분 정도 찐다.
❼ 뚜껑을 열고 생표고버섯, 대추를 넣고 더 끓인 후 청·홍파프리카를 넣어 살짝 익힌다.
❽ 그릇에 갈비찜을 담고 수삼, 대추, 파프리카와 은행을 올린다.

오미자 셔벗과 모둠 다과

재료

* **개성주악 :** 찹쌀가루 1컵, 밀가루 2T, 막걸리 2T, 물 1~2T, 대추·호박씨·집청액 약간
* **매작과 :** 밀가루 1컵, 오미자물 2T, 치자물 2T, 소금·생강즙·튀김기름·설탕시럽 약간
* **다식 :** 밤 4개, 송화가루 1/2컵, 녹말가루 1/2컵, 꿀 2T, 설탕시럽·참기름·계피가루 약간
* **오미자 셔벗 :** 오미자물 1컵, 꿀 2T
* **수삼마른전과 :** 수삼 2뿌리, 조청 2T, 물 2 1/2컵, 설탕 1/2컵, 소금 1/3t
* **건사과 :** 홍옥 1개, 설탕가루·시럽 약간

만드는 법

❶ 찹쌀가루와 밀가루, 설탕을 섞어 체에 내려 막걸리를 넣고 뜨거운 물로 익반죽을 한 후 잘 치댄 다음 면포를 덮고 30분 정도 숙성시킨다.

❷ ①의 반죽을 지름 3cm, 두께 1cm 크기로 빚어 150도 온도에 서로 붙지 않도록 튀겨낸 다음 기름을 빼고 집청액에 담갔다 건져 대추, 호박씨로 장식한다.

❸ 밀가루를 3등분하여 생강즙, 소금을 넣고 물, 치자물, 오미자물로 각각 반죽을 한다.

❹ ③의 반죽을 각각 얇게 밀어 흰 반죽에 치자반죽과 오미자반죽을 각각 포개어 민 후 1x3cm로 잘라낸다. 여기에 칼집을 넣어 매작과 모양을 만들어 튀긴 후 설탕시럽을 묻힌다.

❺ 밤을 쪄서 으깬 후 꿀과 계피가루를 넣고 잘 섞는다. 송화가루에는 꿀을 섞고 녹말가루에는 진한 설탕시럽을 넣어 부드럽게 잘 버무린다. 다식판에 참기름을 바르고 꼭꼭 눌러 다식을 만든다.

❻ 오미자를 우려내어 면포에 걸러 꿀이나 설탕으로 단맛을 낸 후 냉동실에 얼려 셔벗을 만든다.

❼ 홍옥은 0.3cm 두께로 둥글납작하게 썰어 건조기에 넣어 말린 다음 설탕시럽을 바르고 설탕가루를 묻혀 다시 말린다.

❽ 넓은 후라이팬에 설탕, 소금과 물을 붓고 녹인 후, 끓는 소금물에 데친 수삼을 넣고 약불에서 충분히 끓여 투명하게 조린다. 이를 건져내어 체에 밭쳐 시럽을 제거한 후 식혀 설탕가루를 고루 묻힌다.

❾ 그릇에 다과를 모둠으로 담고 셔벗을 곁들인다.

해물 신선로

재료

중하 9마리, 전복 2개, 패주 2개, 미나리 4줄기, 홍고추 1개, 표고버섯 2장, 계란 1개, 은행 6알, 간쇠고기 50g, 다진마늘·소금·후추·깨소금·참기름·밀가루·식용유 약간

* **쇠고기육수** : 양지머리 150g, 무(3cm 두께) 1토막, 대파 1/3대, 마늘 2쪽, 조선간장 1T, 소금·후추 약간

만드는 법

❶ 냄비에 물을 붓고 양지머리, 무, 대파, 마늘을 넣고 30분 정도 끓인다. 이를 면포에 걸러 조선간장, 소금, 후추로 간 하여 육수를 만든다.
❷ 고기와 무는 건져 납작하게 썰어 조선간장, 후추로 양념한다.
❸ 중하는 머리, 꼬리를 떼고 내장을 제거한 후 끓는 물에 살짝 삶아 껍질을 벗긴다.
❹ 패주와 전복은 내장을 빼고 손질한 후 육수를 끓일 때 함께 삶아 납작하게 썬다.
❺ 홍고추, 표고버섯은 1cm 너비로 납작하게 썰어 녹말가루를 묻혀 살짝 데친다.
❻ 계란은 소금을 넣고 잘 푼 후 지단을 부쳐 골패형으로 썬다.
❼ 미나리는 다듬어 대꼬치에 꿰어 미나리초대를 부쳐 납작하게 썬다.
❽ 간쇠고기는 양념하여 조그맣게 완자를 만들어 밀가루, 계란물로 완자전을 부친다.
❾ 신선로에 ②의 재료를 담고 해물과 버섯, 채소들을 보기 좋게 돌려 담은 뒤 고기완자와 은행을 얹는다.
❿ 신선로에 숯이나 알코올을 넣어 불을 피워 끓는 육수를 붓고 끓인다.

돼지등갈비 오렌지찜

재료

돼지등갈비 600g, 오렌지 1/2개, 라임 1쪽, 만가닥버섯 50g, 양파 1/4개, 통마늘 1통, 소금·후추·식용유 약간

* **찜양념 :** 맛간장 3T, 청주 2T, 오렌지주스 1컵, 매실청 2T, 고춧가루 1T, 다진마늘 1T, 후추

만드는 법

❶ 돼지등갈비는 뼈 길이대로 잘라 물에 담갔다가 핏물을 제거한다.
❷ 돼지등갈비에 소금, 후추를 뿌려 팬에서 노릇노릇하게 굽는다(그릴에 구워도 된다).
❸ 오렌지는 1cm 두께의 반달 모양으로 썰고, 마늘은 통으로 준비하며, 양파는 잘게 다진다.
❹ 재료를 분량대로 혼합하여 찜양념을 만든다.
❺ 오목한 팬에 기름을 넣고 다진 양파를 노릇노릇하게 볶는다. 여기에 ②의 돼지등갈비와 찜양념을 넣어 뚜껑 덮고 한소끔 끓인다.
❻ ⑤에 통마늘, 오렌지, 버섯을 넣어 윤기 나도록 조린 후 그릇에 담는다.

삼색선
어선 · 마선 · 오이선

재료

* **어선 :** 대구포 1/4마리, 계란 1개, 표고버섯 2장, 당근 30g, 미나리 5줄기, 초고추장 1T, 녹말가루·소금·참기름·식용유 약간
* **마선 :** 마 8쪽(0.8cm 두께), 꿀 1T, 잣가루 2T, 대추·호박씨 약간
* **오이선 :** 오이 1/2개, 표고버섯 작은 것 1장, 쇠고기 20g, 계란 1개
* **고기·버섯양념 :** 맛간장 1t, 설탕·후추·참기름 약간
* **촛물 :** 유자청 1T, 식초 1T, 물 1T, 소금 약간

만드는 법

어선

❶ 대구살은 넓고 얇게 포를 뜬 후 연결하여 칼을 뉘어 두드려 고르게 편 다음 소금, 생강즙, 청주로 밑간한다.
❷ 당근은 채 썰어 끓는 물에 데친 후 건져 소금으로 간한다.
❸ 미나리는 끓는 물에 데쳐 찬물로 헹궈 물기를 짠 후 소금으로 간한다.
❹ 불린 표고버섯은 기둥을 떼고 곱게 채 썰어 소금, 참기름에 무쳐 기름에 살짝 볶는다.
❺ 계란은 소금을 넣고 잘 풀어 지단을 부친다.
❻ 김발 위에 지단을 놓고 녹말가루를 뿌린 후 생선포를 올린다. 그 위에 당근, 오이, 표고버섯을 놓고 돌돌 말아 젖은 면포로 싸서 김 오른 찜통에서 10분 정도 찐다.
❼ 어선을 꺼내 식힌 후 1.5cm 두께로 썰어 초고추장을 곁들인다.

마선

❶ 마는 0.8cm 두께로 둥글납작하게 썰어 찜통에 넣고 살짝 찐다(끓는 물에 데쳐도 된다).
❷ 쪄낸 마에 꿀을 묻히고 잣가루를 묻힌 다음 대추와 호박씨로 장식한다.

오이선

❶ 오이는 길게 반을 갈라 3cm 길이로 어슷하게 3번 칼집을 넣어 소금물에 절인다. 이후 물기를 닦아내고 기름에 살짝 볶는다.
❷ 계란은 황백지단을 부쳐 2cm 길이로 곱게 채 썬다.
❸ 표고버섯과 고기는 각각 곱게 채 썰어 양념하여 볶는다.
❹ 분량대로 재료를 섞어 촛물을 만든다.
❺ 칼집 넣은 오이 속에 황백지단과 표고버섯, 고기를 채워 담고 촛물을 끼얹는다.

귀리 천혜향 샐러드

재료

귀리 1/2컵, 양상추잎 3장, 천혜향 2개, 방울토마토 4개, 래디치오 2장, 슬라이스 아몬드 1T, 베이비채소 약간

* **유자청 드레싱 :** 유자청 2T, 오렌지주스 4T, 식초·소금·흰후추 약간

만드는 법

❶ 귀리는 전날 미리 씻어 물에 충분히 담가두었다가, 귀리밥을 지어 충분히 뜸을 들이고 식힌다.
❷ 상상추, 래디치오는 먹기 좋게 뜯고 방울토마토는 4등분한다.
❸ 천혜향은 통째로 껍질을 벗겨 과육을 한 쪽씩 자른다.
❹ 유자청은 곱게 다지고 분량대로 재료를 섞어 유자청 드레싱을 만든다.
❺ 볼에 귀리를 담고 드레싱을 넣어 버무린 후 채소, 천혜향, 토마토를 넣어 다시 살짝 버무린다.
❻ 그릇에 샐러드를 담고 슬라이스 아몬드를 뿌린 후 베이비채소를 얹는다.

해물 연잎찜

재료

연잎 1장, 대하 4마리, 꽃게 2마리, 단호박 1/4개, 밀가루 2T, 계란 1개

* **겨자장 :** 맛간장 4T, 물 2T, 매실청 1T, 식초 2T, 레몬즙 1T, 겨자 2T
* **꽃게소 :** 간쇠고기 200g, 두부 100g, 다진마늘 1T, 다진파 2T, 깨소금 1t, 후추·소금·참기름 약간

만드는 법

❶ 연잎은 깨끗이 씻어놓고 단호박은 길쭉하게 등분한다.
❷ 대하는 내장을 제거하고 꽃게는 게딱지를 떼어 살을 발라놓는다.
❸ 꽃게살에 꽃게소의 재료를 넣어 양념한다.
❹ 꽃게 딱지에 밀가루를 뿌리고 꽃게소를 채운 후 밀가루, 계란물을 씌워 기름 두른 팬에서 지진다.
❺ 연잎에 새우, 꽃게, 단호박을 담고 싸서 조리용 실로 묶는다.
❻ 찜통에 김을 올려 ⑤를 넣고 20~25분 정도 찐다.
❼ 겨자장을 준비하여 해물연잎찜에 곁들인다.

낙지볶음과 소면

재료

낙지 3마리, 소면 100g, 양파 1/4개, 당근 50g, 풋고추 1개, 대파(6cm) 1토막, 참기름 1t, 통깨 1t, 식용유 약간

* **양념장 :** 고춧가루 3T, 조선간장 1t, 다진마늘 1T, 매실청 1T, 청주 2T, 후추 약간

만드는 법

❶ 낙지는 내장을 제거하고 소금을 넣고 주물러 씻은 후 5cm 길이로 썬다.
❷ 양파는 1cm 너비로 썰고 당근은 납작하게, 대파와 풋고추는 어슷하게 썬다.
❸ 분량대로 재료를 섞어 양념장을 만든다.
❹ 소면은 끓는 물에 삶아 건져 물에 충분히 씻은 후 4개의 사리를 만든다.
❺ 오목한 팬에 기름을 넣고 채소를 볶다가 낙지를 넣어 볶은 후 양념을 넣고 센불에서 빨리 볶아낸다.
❻ ⑤에 참기름, 통깨를 뿌려 그릇에 담고 사리를 곁들인다.

유자청 불고기와 수삼샐러드

재료

쇠고기(불고기용) 300g, 수삼 1뿌리, 대추 1개, 라임 1쪽

* **불고기양념 :** 간장 2T, 청주 1T, 유자청 1T, 배즙 3T, 송송 썬 실파 2T, 깨소금 1T, 소금·후추 약간
* **샐러드드레싱 :** 잣가루 3T, 배즙 2T, 식초·유자청 1T씩, 소금 1/3t

만드는 법

❶ 불고기는 먹기 좋게 썬 후 불고기 양념장에 20분 정도 재운다.
❷ 양념에 재운 불고기는 뜨겁게 달군 팬이나 그릴에서 굽는다.
❸ 수삼과 대추는 각각 채 썰고 잣은 곱게 다져 잣가루를 만든다.
❹ 분말기에 잣가루를 담고 배즙과 식초를 넣어가며 곱게 간 후 유자청, 소금으로 간을 맞춘다.
❺ 수삼채에 ④의 드레싱을 넣어 버무려 샐러드를 만든다.
❻ 그릇에 유자청 불고기와 수삼샐러드를 담고 다진 유자청과 함께 라임을 곁들인다.

삼색 떡만둣국

재료

밀가루 1 1/2컵, 당근즙 2T, 미나리즙 2T, 소금, 흰 떡 2컵, 조선간장 1T, 후추 약간

* **쇠고기육수 :** 쇠고기(양지머리) 100g, 마늘 3쪽, 대파 1/3대, 양파 1/4개
* **만두소 :** 간쇠고기 100g, 김치 50g, 숙주 100g, 부침용 두부 80g, 다진파 2T, 다진마늘 1T, 깨소금·후추·참기름 약간
* **고명 :** 쇠고기편육채, 홍고추채, 석이버섯채

Tip

적은 양일 경우는 만두를 찌지 않고 빚은 만두를 육수에 넣고 함께 끓여도 된다.

만드는 법

❶ 밀가루를 3등분하여 각각 물, 당근즙, 미나리즙과 소금을 넣고 만두피 반죽을 한 다음 20~30분 정도 두었다가 잘 치댄다.
❷ 두부는 으깨고, 삶은 숙주와 김치는 물기를 짠 후 각각 다진다. 여기에 간쇠고기와 양념을 넣고 만두소를 만든다.
❸ ①의 반죽을 밤알 크기로 떼어 밀어 만두피를 만든다. 여기에 만두소를 넣고 만두를 빚은 다음 김 오른 찜통에 면포를 깔고 10분 정도 찐다.
❹ 냄비에 물과 육수 재료를 넣고 30~40분 정도 끓여 체에 걸러 쇠고기육수를 만든다.
❺ 흰 떡은 씻어놓고, 쇠고기 편육은 채를 썬다.
❻ 육수가 끓으면 흰떡을 넣고 한소끔 끓인 후 만두를 넣고 조선간장과 소금, 후추로 간을 맞춘다.
❼ 그릇에 삼색 떡만둣국을 담고 고명을 얹는다.

떡갈비 채소구이

재료

* **떡갈비 :** 간쇠고기(갈비살 또는 채끝살) 300g, 생표고버섯 1개, 부추 10g
* **고기양념 :** 맛간장 1T, 양파즙 1T, 청주 1T, 다진 마늘 1T, 매실청 1T, 깨소금·후추·참기름·식용유 약간
* **채소 :** 파프리카 3쪽, 새송이버섯 3쪽, 아스파라거스 3줄기
* **조림소스 :** 물 1/2컵, 간장 1T, 매실청 1T
* **고명 :** 은행 3알, 대추 1개, 잣가루 1t

만드는 법

❶ 고기는 갈거나 곱게 다진다.
❷ 생표고버섯은 잘게 다지고 부추는 송송 썬다.
❸ 고기에 ②와 고기양념을 넣고 잘 혼합한 후 치댄 다음 타원형으로 모양을 만든다.
❹ 팬에 기름을 두르고 ③의 고기를 넣고 앞뒤로 살짝 구운 후 그릴에 넣어 굽는다(팬에서 약불로 뚜껑을 덮어 구워도 된다).
❺ 팬에 소스 재료를 넣어 끓으면 ④의 고기를 넣고 살짝 조린다.
❻ 버섯과 채소는 길게 썰고 팬에서 소금, 후추를 뿌려 굽는다.
❼ 떡갈비를 고명으로 장식하고 구운 버섯과 채소를 곁들여 담는다.

유자화채와 모둠 떡

재료

* **송편 :** 멥쌀가루 1 3/4컵, 쑥가루 3T, 참깨 1/2컵, 설탕가루 2T, 참기름 약간, 솔잎
* **화전 :** 찹쌀가루 1 3/4컵, 호박가루 3T, 꿀·대추·쑥갓 약간
* **인절미 :** 찹쌀가루, 소금, 콩가루, 흑임자가루
* **유자화채 :** 유자 1개, 배 1/2개, 석류 1T, 꿀·잣 약간

만드는 법

❶ 멥쌀가루 1컵에 뜨거운 물을 넣어 익반죽하고 멥쌀가루 3/4컵에 쑥가루를 넣어 혼합한 후 체에 내려 익반죽한다.
❷ 각각의 반죽에 설탕가루를 섞은 참깨소를 넣고 송편을 빚어 김 오른 찜통에 25분 정도 찐 후 참기름을 바른다.
❸ 찹쌀가루 1컵을 뜨거운 물로 익반죽하고, 나머지 3/4컵에 호박가루를 넣어 익반죽한 다음 둥글납작하게 빚는다.
❹ ③에 대추, 쑥갓으로 장식한 후 각각 기름에 지져 꿀에 집청하여 화전을 완성한다.
❺ 찹쌀가루와 물을 섞어 체에 내린다. 젖은 면포를 깐 찜통에 쌀가루를 넣고 20분 정도 찐 후 꽈리가 일도록 치댄다.
❻ ⑤를 편편하게 펼쳐 한 입 크기로 썬 후 콩가루와 흑임자 고물을 묻힌다.
❼ 유자와 배는 각각 곱게 채 썰어 꿀이나 설탕시럽에 재운 다음 생수를 붓고 잣과 석류알을 띄워 유자화채를 만든다.
❽ 각종 떡을 모둠으로 담고 유자화채를 곁들인다.

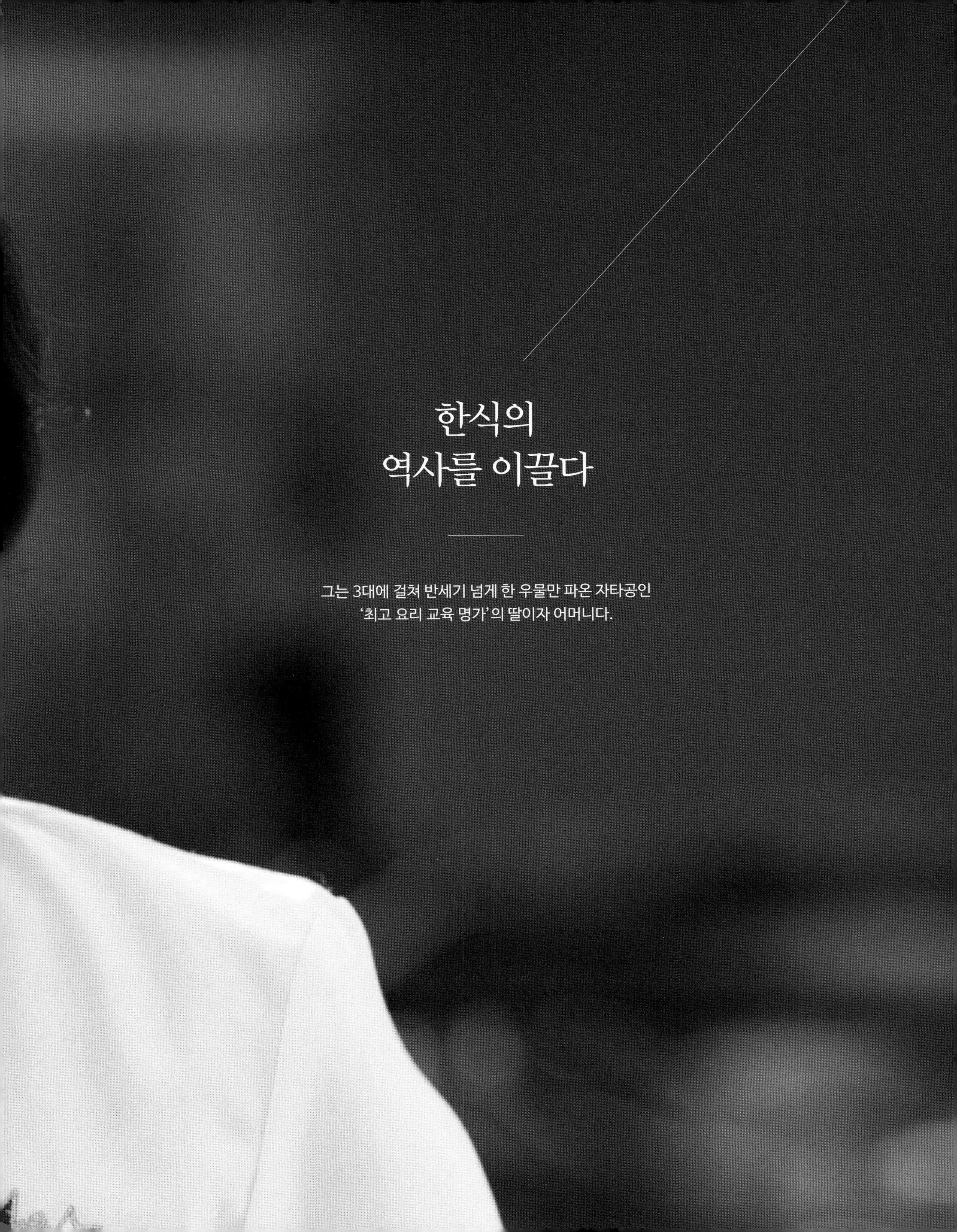

한식의 역사를 이끌다

그는 3대에 걸쳐 반세기 넘게 한 우물만 파온 자타공인
'최고 요리 교육 명가'의 딸이자 어머니다.

"요리는 일상이며 음식은 보약이다"

요리는 좋은 식재료가 가진 영양과 양념의 맛, 그리고 만드는 이의 정성을 모아 우리에게 도움이 되는 음식을 만드는 귀한 일상이며, 음식은 그런 과정을 거쳐 만들어진 평생의 보약이다.

Master Chef of Korea
Lee Jong Im

수도요리학원(현 글로벌푸드아트수도조리전문학교)은1965년 설립된 우리나라 최초의 요리학원이다.

이는 한 집안의 가업임과 동시에, 우리 음식문화의 맥脈이기도 하다.

심心 '어머니 마음'이 곧 최고의 식재료다.

Master Chef of Korea
Lee Jong Im

나이듦…

하지만 ‘열정’의 시간은 거꾸로 간다

“어머니 어깨 너머로 요리에 입문한 지 40년이 되었다.
앞으로도 계속 우리 음식의 맛과 멋을 세계에 알릴 것이다.”

Master Chef
Lee

일식대가 안효주

Ahn Hyo Ju

성실과 열정의 초밥왕
안 효 주

복싱왕을 꿈꾸던 시골 촌뜨기 소년. 그는 30년 후 우리나라 최고의 초밥 명인이 된다. 자타공인 일식(日食) 대가로 불리는 안효주(59) 셰프는 막 성인이 됐을 무렵 '큰물에서 놀겠다'는 꿈을 안고 서울로 올라왔다.
복싱 선수가 되고 싶었던 그가 서울에서 운동을 하기 위해서는 의식주를 먼저 해결해야 했다. 낮에는 그릇 300~400개를 닦고 새벽과 밤에 복싱 훈련을 한지 2년. 피치 못할 사정으로 복싱을 그만두고 군에 입대하지만, 제대 후 그가 할 수 있는 일은 많지 않았다. 사지 멀쩡한 그에게 주변에선 복싱체육관 트레이너, 운전기사 등을 해보라고 권유했지만 그는 식당에 있을 때 가장 마음이 편했다. 이곳저곳 여러 식당을 전전하던 중 1984년 서울 강남의 한 일식당에서 요리 스승을 만나 일식의 기초에 눈을 뜨게 된다.
이후 스승의 추천으로 신라호텔에 입사하면서 방황의 시간이 끝나고 새로운 꿈이 시작된다. 호텔 근무 중 일본으로 연수를 가게 된 그는 현지에서 또 한 명의 스승을 만나게 된다. 한국에서 만난 스승이 일식의 길을 열어줬다면, 일본인 스승은 길을 잘 걷는 법을 알려주었다.
지금 한국에서 '일식 좀 즐긴다' 하는 사람들은 물론 일반 대중에게도 안 셰프의 가게는 매우 잘 알려져 있다. 그가 처음 사업에 대해 용기를 낸 것은 맛에 대한 믿음과 자부심이 있었기 때문이다. 비록 한 기업가의 도움으로 사업을 시작했지만, 정성을 다하면 언젠가 인정받을 것으로 믿었다. 그리고 결국 그의 믿음은 배신당하지 않았다.
안 셰프가 '미스터 초밥왕'이라는 별명을 얻게 된 것은 일본의 유명 요리만화 《미스터 초밥왕》에 그의 초밥이 소개되면서부터다. 만화가 테라사와 다이스케는 책의 완결판을 위해 한국으로 직접 그를 찾아왔다. 그리고 "한국만의 특별한 초밥을 만들어 달라"고 부탁했다. 뜻밖의 부탁에 그는 시간을 달라고 했고, 일주일 뒤 인삼초밥을 내놓았다. 6년근 수삼을 자신이 개발한 양념장에 24시간 재워 만든 이 초밥은 그렇게 《미스터 초밥왕》에 실리게 된다.
그가 초밥과 함께 살아온 시간도 30년이 넘었다. 국내뿐 아니라 일본에서 열리는 세계 초밥왕대회의 심사위원으로 초청될 만큼 국제적 명성을 얻고 있다. 되돌아보면 그를 '초밥왕'으로 이끈 건 성실과 열정이었다. 다찌(바 형식의 스시 카운터) 건너편 손님은 매일 바뀌지만, 그는 한 결 같이 한 자리에 서서 그들에게 초밥을 건넨다. 그에게 초밥은 단순한 요리가 아니라 세상과 통하는 또 하나의 길인 셈이다.

안효주

일식조리 기능장
前 신라호텔 일식당 아리아케 조리장
現 청담동 스시효 오너셰프

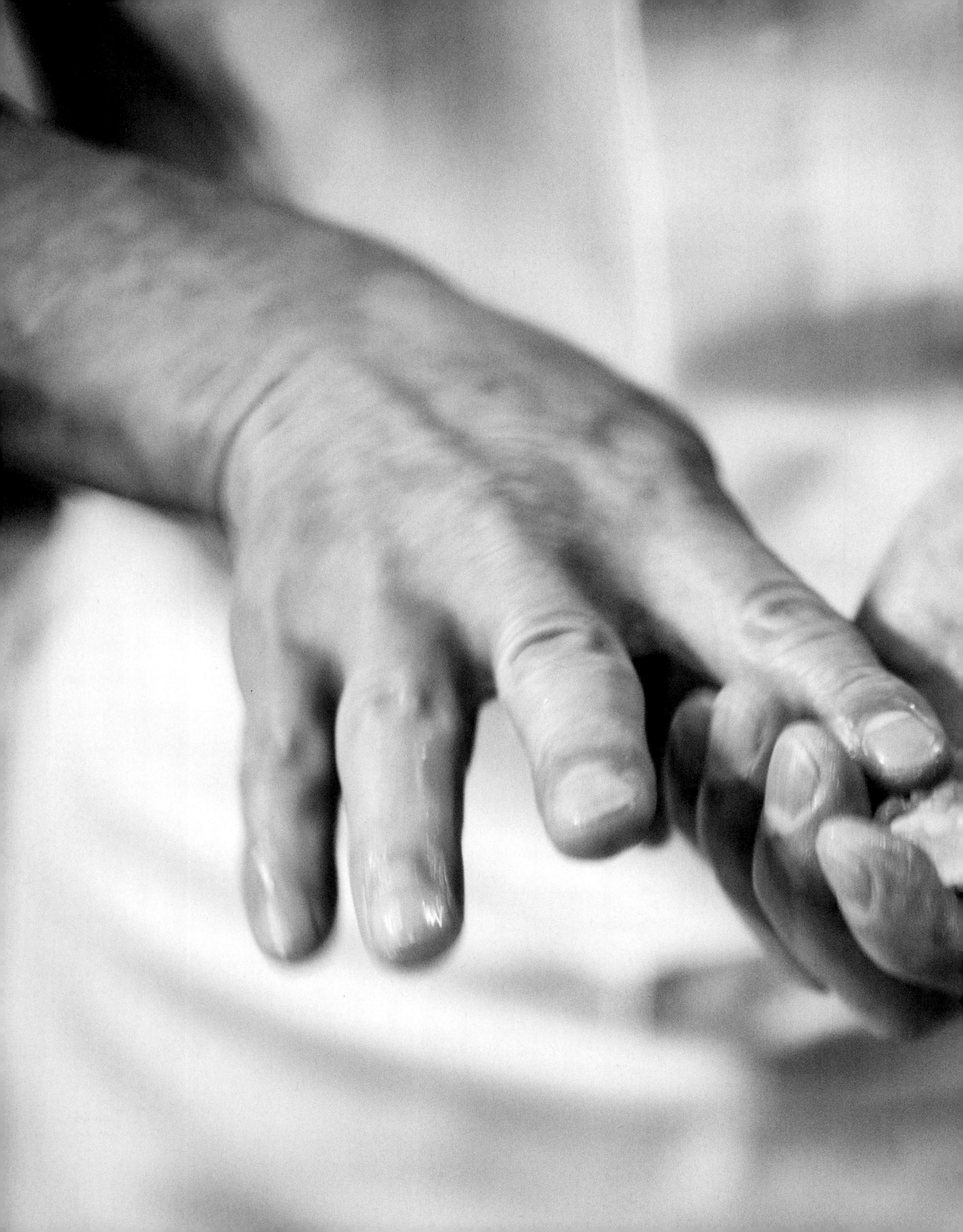

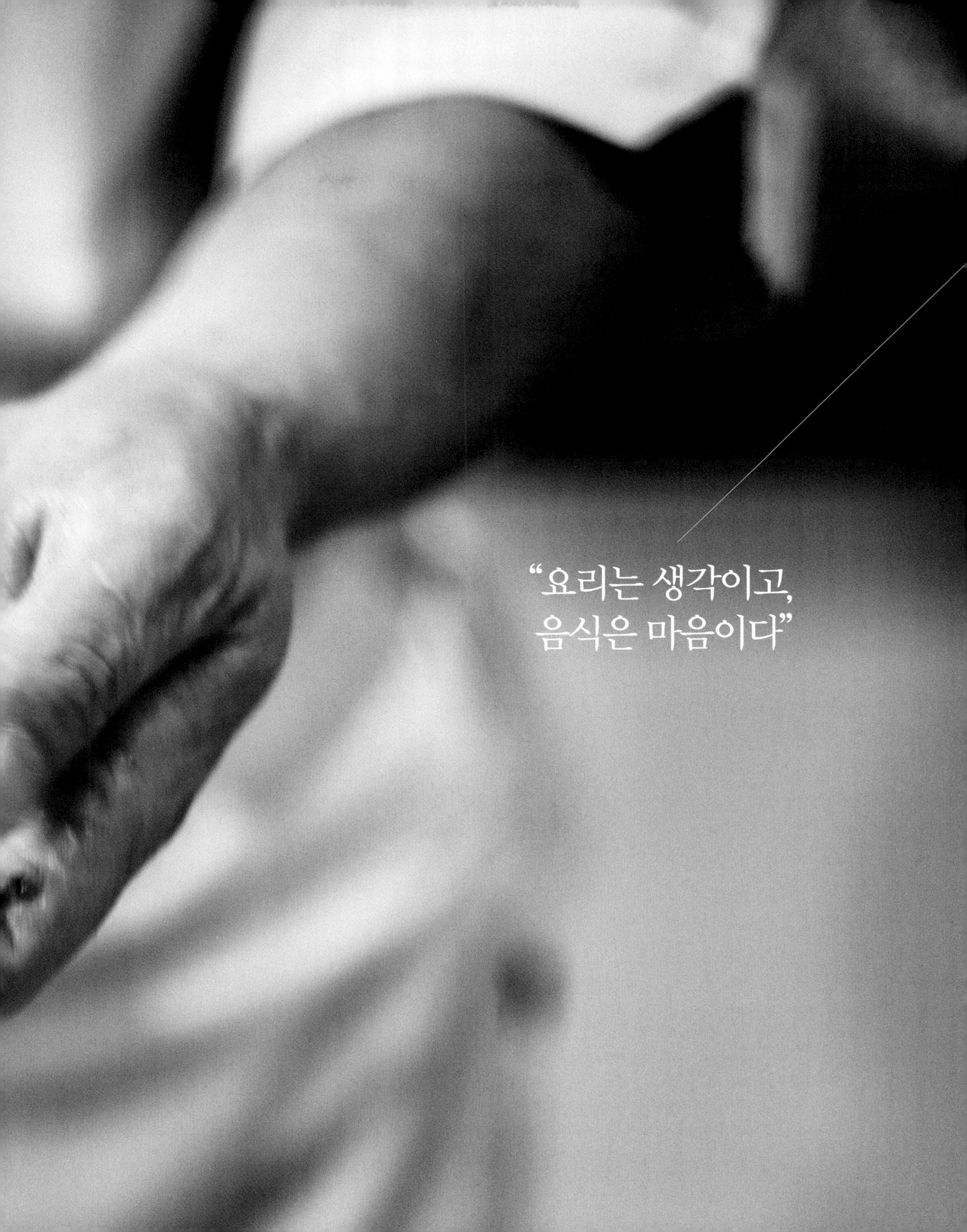

"요리는 생각이고,
음식은 마음이다"

초밥만 바라보며 살아온 32년

孝
安孝珠

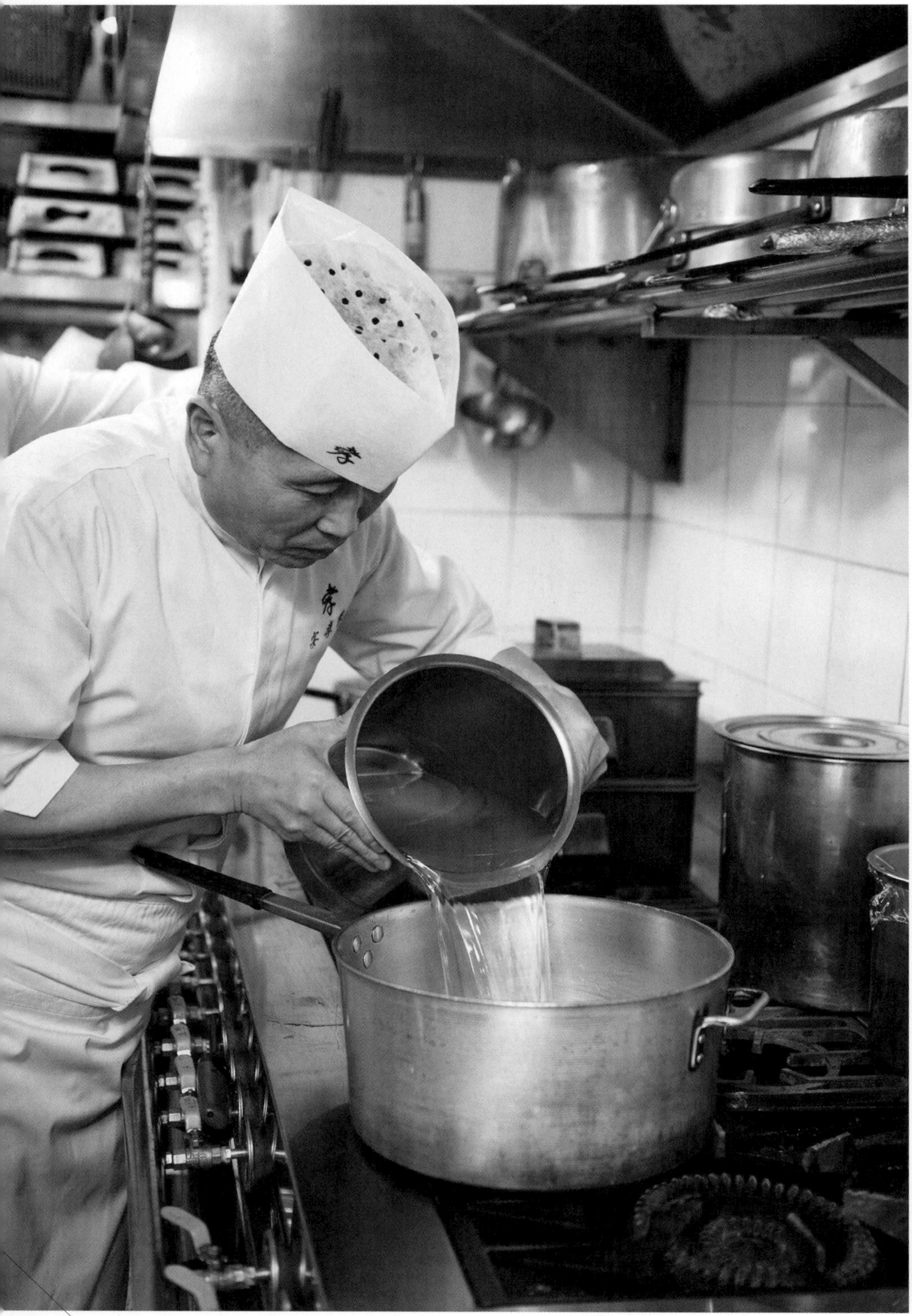

장인정신 匠人精神

그는 '장이'다. 아무리 작은 일이라도 그의 손을 거쳐야 한다.

孝
孝
安孝珠

Contents

다시

재료 : 생수 2l, 다시마 20g, 가쓰오부시 40g

만드는 법

❶ 물에 적신 깨끗한 수건으로 다시마 양면을 닦아 불순물을 털어낸다.
❷ 냄비에 물을 붓고 ①을 넣어 불을 약하게 켠다.
❸ 끓기 직전에 다시마는 건져낸 다음 불을 더 낮춘다.
❹ ③에 가쓰오부시를 넣고 살짝 한 번만 끓으면 불을 끄고 거품을 걷어낸다.
❺ 체에 천을 이중으로 깔고 거른다. 이때 꾹 누르지 않는다(국물을 탁하게 만드는 원인이 된다).

다시마 국물

재료 : 생수 2l, 다시마 40g

만드는 법

❶ 물에 적신 깨끗한 수건으로 다시마 양면을 닦아 불순물을 털어낸다.
❷ 냄비에 물을 붓고 ①의 다시마를 넣어 끓기 직전에 건져낸 다음 살짝 끓여 거품만 걷어낸다.
※ 찬물에 담가 하룻밤 지난 후 건져내도 된다.

성게 산마 두부

재료

산마 150g(50도 물에 20분 담근 후 사용), 성게 150g(소금을 약간 뿌려 70도 찜통에 15분간 찐 것), 아보카도 70g(얇게 잘라 소금을 약간 뿌려둔다), 아스파라거스 70g(55도 찜통에 30분간 찐다)

* Ⓐ **소스 :** 다시 400ml, 미림 20ml, 국간장 25ml, 젤라틴 20g, 마른 한천 3g(마른 한천을 하룻밤 물에 불려 두었다 물기를 짜서 다시에 넣어 녹인 후 미림과 국간장을 넣고 따뜻하게 식으면 젤라틴을 녹인다)
* Ⓑ **소스 :** 성게 120g, 생크림 33ml, 진간장 10ml, 국간장 5ml, 다시 90ml, 미림 5ml, 올리고당 20ml, 설탕 5g(성게는 70도 찜통에 15분간 찐 것을 사용한다. 절구통에 위 재료를 넣고 갈아 가는 체에 내린다)

Key Point

· 굳힘 요리에서 중요한 것은 '단단함의 조절'이다. 너무 부드러우면 완성되었을 때 썰기가 어렵고 식감도 떨어진다.

만드는 법

❶ 산마는 가늘게 채 썰어 소금물(물 1l, 소금5g, 식초 15ml)에 15분간 담갔다 흐르는 물에 씻어 미끌미끌한 점액을 씻어낸다.
❷ 스테인리스 사각틀에 산마, 아스파라거스, 아보카도, 찐 성게를 층층이 놓고 Ⓐ소스를 부어 굳힌다.
❸ ②를 썰어 담고 Ⓑ소스를 끼얹어낸다.

대구 고니
무즙 냄비

재료

대구 고니 300g, 배추 130g, 무 500g, 표고버섯 4개, 유자 껍질 약간, 두부 100g, 대파 100g

* **Ⓐ소스 :** 다시마 국물 800ml, 국간장 50ml, 미림 30ml, 무즙 1컵

Key Point

· 두부는 물에 한 번 삶아 사용하고, 무는 50도 물에 30분간 담갔다 사용하면 매운 맛이 순해지고 단맛이 증가한다. 또한 3~4일이 지나도 변색되지 않는다.
· 배추를 70도로 쪄서 사용하면 식감이 좋아지고 단맛이 증가하며 풋내가 사라진다.
· 대구 고니를 처음부터 넣어 끓이면 국물이 탁해진다.
· 무즙을 넣고 너무 오래 끓이면 식감이 없어진다.

만드는 법

❶ 대구 고니는 손질하여 50도 물에 30초간 씻어 다시마 국물에 넣고 불을 약하게 켜서 끓지 않을 정도로 하여 30분간 재워둔다(속까지 익히기 위해).
❷ 배추는 70도로 20분간 찐다.
❸ 무는 50도 물에 30분간 담근 후 4/5는 굵은 강판에 갈아 물에 살짝 씻어 물기를 짠다(식감을 좋게 하기 위해). 1/5은 칼등으로 거칠게 다진다(역시 식감을 좋게 하기 위해).
❹ Ⓐ소스와 ①의 고니를 살며시 건져 냄비에 넣고 배추, 버섯, 두부를 넣어 끓인 후 준비한 무즙과 대파를 넣어 한 번 더 끓여낸다.

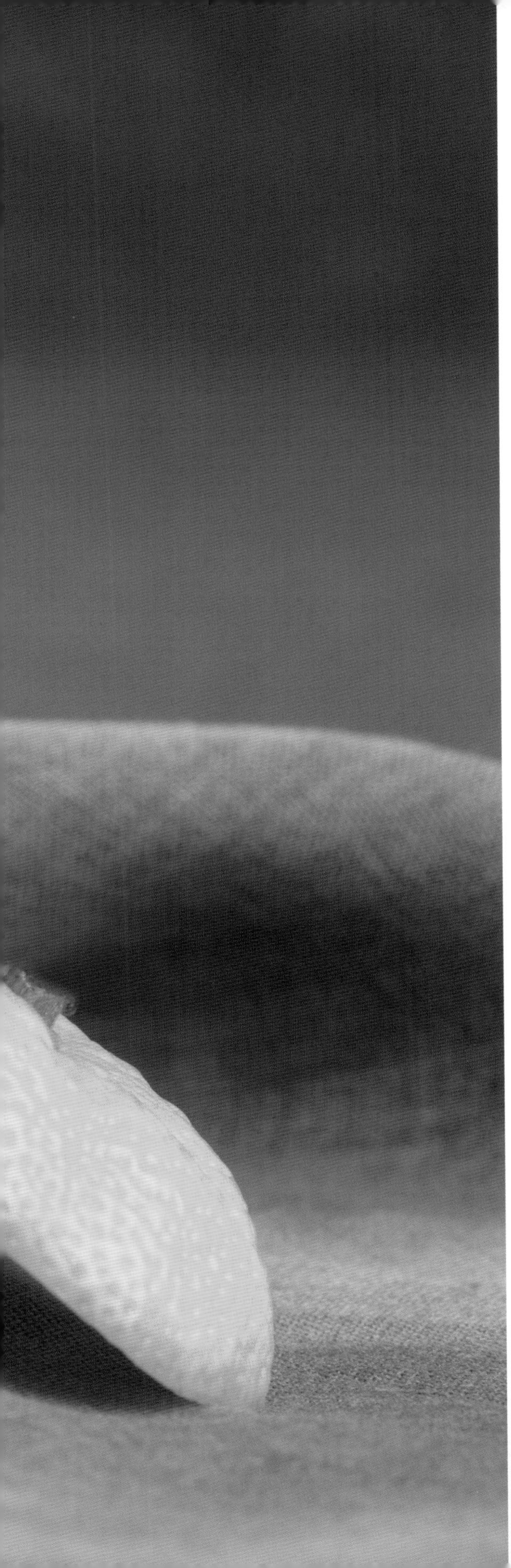

전복 유자 된장 구이

재료

유자 4개, 전복 4마리(120g 짜리), 아스파라거스 100g, 가지 100g

*Ⓐ**소스 :** 백된장 100g, 청주 150g, 미림 15ml, 설탕 10g, 계란노른자 1개, 생크림 30ml, 유자껍질 5g, 아다리고마 10g(생크림과 아다리고마를 제외한 재료를 합해 10분 정도 졸인 후 생크림과 아다리고마를 넣어 가는 체에 내린다)

Key Point

· 전복은 90도 찜통에 60분간 찌면 단맛이 강해지고 전복 맛이 그대로 유지된다.
· 아스파라거스는 70도 찜통에서 20분 찌면 식감이 아삭아삭하고 단맛이 강해진다.

만드는 법

❶ 전복은 손질하여 껍질과 분리해서 찜통에 넣고, 청주를 분무해 뿌린다. 아래 찜 냄비에는 물과 청주를 반반씩 넣어 90도로 60분 찐다.
❷ 유자는 윗부분을 잘라서 속을 파낸다.
❸ 아스파라거스는 70도에서 20분 찐다.
❹ 가지는 2cm 두께로 잘라 팬에 기름을 두르고 노릇노릇하게 양면을 구워 기름기를 제거한다.
❺ 속을 파낸 유자 속에 전복, 가지, 아스파라거스를 담고 70도 찜통에 20분간 찐 후 Ⓐ소스를 끼얹어 살짝 굽는다.

오리고기 조림

재료

오리고기 150g, 대파 50g(직화에 노릇하게 구운 후, 70도 찜통에 15분간 찐다),

* Ⓐ소스 : 다시 180ml, 청주 90ml, 미림 60ml, 국간장 50ml, 설탕1t

Key Point

· 오리고기는 팬에 구울 때 강한 불로 재빨리 양쪽 겉만 익혀내야 한다. 너무 오래 구우면 단단해진다.
· 겉에 전분을 묻혀 국물에 익힐 때도 너무 오래 익히면 질겨지기 때문에 1개씩 넣어 재빨리 건져낸다.

만드는 법

❶ 팬을 뜨겁게 달군 다음 껍질 쪽에 칼집을 넣은 오리고기를 양면 모두 노릇하게 구워낸 다음 75도 찜통에 30분 쪄낸다.
❷ ①을 얇게 잘라 칼집을 내고 소금, 후추를 살짝 뿌려 30분간 재워둔다.
❸ ②에 옥수수전분을 골고루 칠한다.
❹ 냄비에 Ⓐ소스를 절반 나누어 끓인 후 ③을 넣어 떠오르면 건져낸다.
❺ 절반 남은 Ⓐ소스를 냄비에 붓고 준비한 대파를 넣어 익힌 다음 ④의 오리를 넣어 맛을 들인 후 그릇에 담는다.

무화과
연두부 소스

재료

무화과 7개, 연두부 소스(연두부 250g, 설탕 50g, 다시 40ml, 볶은 참깨 50g, 생크림 30ml, 국간장 20ml, 소금 약간)

만드는 법

❶ 잘 익은 무화과를 50도 물에 2분간 담근 후 껍질을 벗겨 적당한 크기로 자른다.
❷ 연두부 소스와 곁들여 낸다.

연두부 소스

❶ 연두부는 한 번 삶아내서 물기를 꼭 짠다.
❷ 절구통에 볶은 참깨를 넣고 잘게 갈아놓는다.
❸ ②에 ①의 연두부와 나머지 재료들을 넣어 골고루 섞은 후, 가는 체에 면포를 이중으로 깔고 내린다.

계란 아귀간 찜

재료

아귀간 300g, 계란 8개, 다시 90ml, 국간장 20ml, 미림 10ml

* **Ⓐ소스 :** 다시 600ml, 국간장 50ml, 미림 50ml
* **Ⓑ소스 :** 다시 180ml, 진간장 40ml, 미림 15ml, 청주 30ml

Key Point

· 아귀간을 50도 물에 씻어 조리하면 비린내가 없어진다.
· 계란과 섞을 때 너무 많이 빨리 저으면 기포가 생겨 보기 안 좋다.
· 아귀간을 잘라 마른 전분을 묻혀 살짝 튀겨도 색다른 맛을 느낄 수 있다.

만드는 법

❶ 아귀간은 핏줄 제거 후 50도 물에 씻은 후 소금을 조금 뿌려 1시간 동안 재워둔다.
❷ ①을 청주에 씻어 물기를 닦아 팬에 넣는다. 여기에 Ⓐ소스를 부어 랩으로 덮어 70도로 30분간 찐 다음 뜨거울 때 가는 체에 내린다.
❸ 계란에 다시를 섞어 체에 거른 다음 국간장과 미림으로 간을 맞춘다.
❹ ②와 ③을 합해 다시 한 번 가는 체에 내린다.
❺ ④를 사각팬에 붓고 찜통에서 70도로 30분간 찐다.

우럭 새우살 튀김

재료

우럭 200g, 새우 200g, 산마 50g, 청주 10ml, 찹쌀가루 50g, 계란 흰자 50g, 소금 약간

* Ⓐ**소스 :** 새우는 손질해서 잘게 썬 다음 절구통에 넣어 갈면서 산마, 흰자, 청주, 소금을 넣어 완성시킨다.
* Ⓑ**소스 :** 다시 400ml, 국간장 15ml, 미림 5ml, 간 생강 10g(재료들을 합해 살짝 끓인 다음 가는 체에 거른다)

만드는 법

❶ 우럭은 포 뜨기 해서 가운데 가시를 뽑는다.
❷ ①에 칼집을 촘촘히 넣은 다음 5cm 길이로 잘라서 소금을 약간 뿌려 1시간 재워둔다.
❸ ②의 사이사이에 붓으로 마른 전분을 묻힌다.
❹ ③의 우럭 사이사이에 Ⓐ소스를 채워서 85도로 20분 찐다.
❺ ④의 겉에 마른 전분을 묻혀 180도 기름에 겉만 살짝 튀겨낸다.

참깨 두부

재료

칡전분 180g, 다시마 국물 1,800ml, 설탕30g, 소금 10g, 볶은 참깨 150g

* **소스 :** 1번 다시 300ml, 진간장 50ml, 미림 50ml

Key Point

· 타지 않게 하려고 너무 빨리 저으면 끈기가 없어져 물처럼 되어 굳지 않기 때문에 주의한다.
· 생 참깨를 사용할 때는 하룻밤 물에 불려서 해야 하고 시중에 나온 '아다리고마(일본식재료)'를 사용해도 된다.

만드는 법

❶ 절구통이나 믹서에 볶은 참깨를 넣고 갈아 고소한 맛을 낸다.
❷ ①에 다시마 국물, 칡전분, 설탕, 소금을 섞어 가는 체에 내린다.
❸ 넓은 냄비에 ②를 넣고 나무 주걱으로 눌어붙지 않도록 저어가며 약 30~40분간 약한 불에 졸인다.

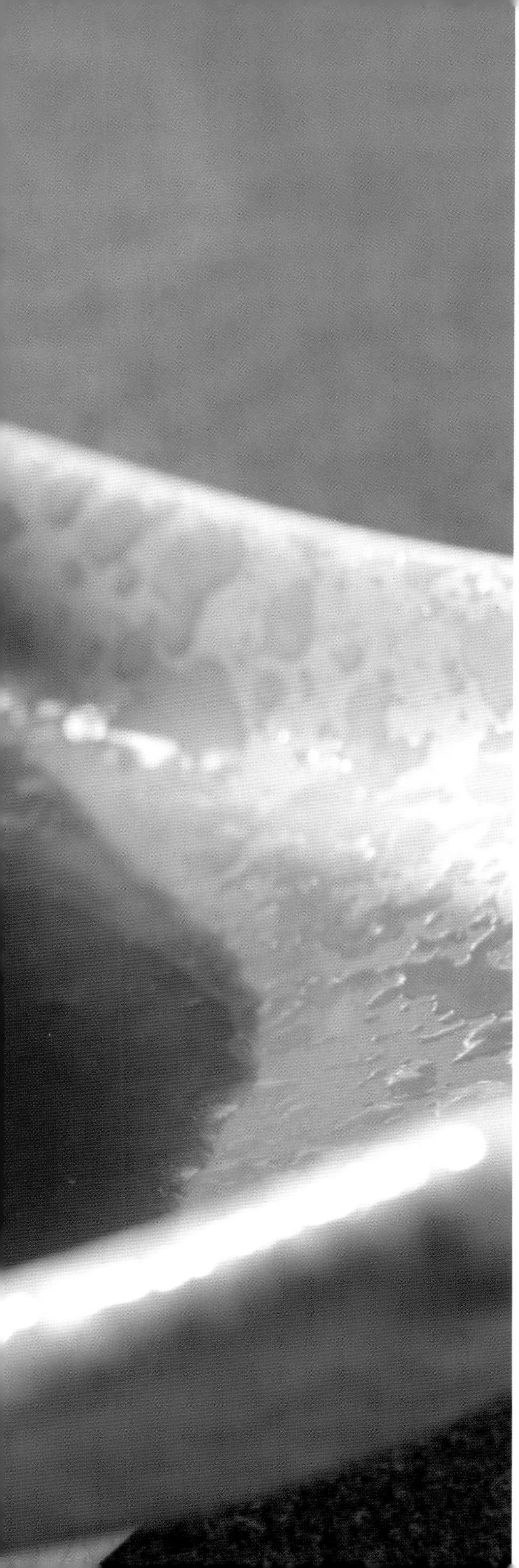

대구 야채 말이 찜

재료

대구살 300g, 산마 40g, 청피망 40g, 홍피망40g, 유자 10g

* Ⓐ소스 : 다시 700ml, 진간장 100ml, 미림 80ml, 칡전분

Key Point

· 유자는 50도 물에 20분간 담근 후 씻어 사용한다. 신맛이 부드러워지고 당도가 높아진다.

만드는 법

❶ 대구살을 얇게 떠서 50도 물에 30초간 씻은 후 소금, 후추를 뿌려 1시간 재워둔다.

❷ 산마, 피망, 당근을 채 썰어, 50도 물에 살짝 한 번 씻어 물기를 제거한다.

❸ ①의 대구에 마른 전분을 칠한 후 ②를 넣고 말아 유자를 올려 70도 찜통에 20분간 쪄낸다.

❹ ③을 그릇에 담고 Ⓐ소스를 끼얹어 낸다.

참치 도로 아부리

재료

주도로(참치 옆구리살) 150g, 마늘 4개, 무즙 100g(50도 찜통에 1시간 찐 다음 강판에 갈아 사용), 유자껍질채 약간

* **Ⓐ소스 :** 산도 5~7% 현미 식초 400ml, 진간장 400ml, 청주 60ml, 미림 400ml(청주와 미림은 끓여서 알코올 없앤 것), 타마리간장 100ml, 유자 2개, 다시마 10g, 가쓰오부시 10g

만드는 법

❶ 석쇠를 빨갛게 달군 다음 주도로를 재빠르게(겉에 열만 가할 정도로) 아부리한다.

❷ ①을 썰어 접시에 담고 Ⓐ소스에 무즙을 섞어 올린 다음 마늘과 채 썬 유자를 얹는다.

❸ 마늘은 얇게 썰어 70도 찜통에 15분간 찐 다음 기름에 살짝 볶아 낸다.

Ⓐ소스

❶ 청주와 미림은 한 번 끓여 알코올을 없앤 후 사용한다.

❷ 유자는 50도 물에 30분 담갔다 65도로 20분 찐 다음 즙을 짜 넣는다. 이렇게 하면 신맛은 부드러워지고 단맛과 향이 좋아진다.

❸ 위 재료들을 전부 합해 이틀 동안 냉장고에 보관한 후 가는 체에 거른다.

❹ 사용할 때는 Ⓐ소스 120ml에 다시 200ml를 합해 무즙을 넣어 사용한다.

물엿

孝
安孝珠

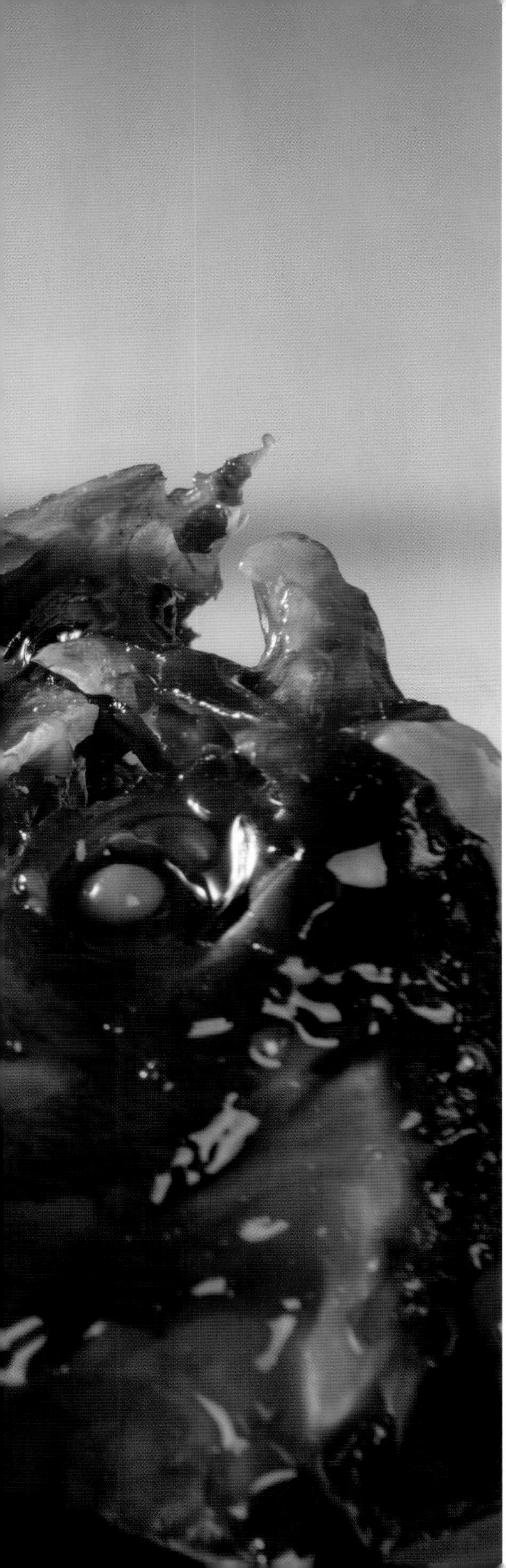

도미머리 조림

재료

도미머리 1kg, 물 1l, 진간장 50ml, 청주 400ml, 다마리간장 40ml, 우엉 30g(잘라서 50도 물에 10분간 담갔다 건져 80도로 40분간 찐다), 꽈리고추 5개, 물엿 90ml(우엉 특유의 아린 맛이 사라지고 단맛이 생겨 맛있게 먹을 수 있다), 설탕·마늘·생강 약간

Key Point

· 간을 할 때 간장을 한 번에 다 넣으면 생선살의 단백질이 굳어 단단해지면서 간이 잘 배지 않는다.
· 도미머리 조림은 다 완성될 때까지 옆에서 지켜보며 조리해야 한다. 단 몇 초 사이에 타버리기 쉽다. 또한 비늘이 한 개라도 나온다면 요리사로서 수치라고 할 수 있다.

만드는 법

❶ 도미머리는 50도 물에 담갔다 씻어 비늘을 모두 제거한다(이렇게 하면 비늘도 잘 벗겨지고 비린내도 없어진다).
❷ ①을 냄비에 넣고 물, 청주, 마늘, 설탕을 넣어 센 불에 끓인 후 생강편을 넣는다(냄새를 없애기 위해).
❸ ②를 중간불로 낮추고 간장을 3등분해서 1/3만 넣는다. 5분 간격으로 세 번에 나누어 넣는다(간이 속까지 잘 배도록 하기 위한 것).
❹ 여기에 준비한 우엉을 넣고 타지 않도록 국자로 조림 국물을 도미에 끼얹어가며 80%까지 조린 후 물엿을 넣는다.
❺ 다 졸여진 무렵에 꽈리고추를 넣어 살짝만 익힌다.
❻ ⑤를 그릇에 넣고 채 썬 생강을 곁들인다.

지단 가리비 조개찜

재료

냉동가리비 10마리(250g), 계란노른자 10개, 계란흰자 5개, 양파 80g(1cm 정사각형으로 썰어 70도 온도로 20분 찐다)

* **Ⓐ소스 :** 다시 200ml, 진간장 10ml, 미림 5ml, 생강즙 1/2st를 살짝 한번 끓인다.
* **Ⓑ소스 :** 다시마 국물 130ml, 청주 15ml, 생크림 30ml, 흰자 1/2개, 산마(강판에 간것) 30g, 칡전분 15g(다시마 국물 130ml에 풀어서 넣는다), 소금 약간

Key Point

· 계란은 50도 물에 20분간 담갔다 사용하면 비린내가 없어지고 맛이 진해진다.
· 양파는 70도에서 20분 찌면 단맛이 강해지고 매운맛은 없어지지만 식감은 그대로 유지된다.
· 냉동가리비는 50도 물에 2분간 담가서 녹이면 마치 살아 있는 것처럼 물기가 없어져 살이 찰지게 된다.
· 가리비를 믹서기에 갈면서 용도에 따라 다시마 국물이나 산마, 흰자의 양을 조절해 부드러움을 조절할 수 있다.

만드는 법

❶ 냉동가리비를 50도 물에 2분간 담근 후 건져 물기를 닦아 상온에서 해동시킨다.
❷ ①을 잘라 믹서기에 넣고 갈면서 산마, 흰자, 청주, 다시마 국물을 붓고 소금으로 간을 맞춘 후 꺼내어 밑처리한 양파를 섞는다.
❸ 노른자 10개와 흰자 5개를 각각 나누어 면포에 싸서 짠 후 소금으로 심심하게 간을 맞춰 얇게 지단을 부친 다음 가늘게 채 썬다.
❹ ②를 적당량 떠서 동그랗게 만든 후 ③의 지단을 붙여 70도 찜통에 30분간 찐다.

고등어 말이 초밥

재료

고등어 1마리, 다시마 100g, 초밥(앞의 '초밥 짓기' 참조), 설탕 45g

* Ⓐ**소스** : 다시 1,000ml, 진간장 100ml, 다마리간장 40ml, 산도 5~7% 현미식초 50ml(다시마를 한 번 삶아서 Ⓐ소스에 7분간 졸인 후 사용)

Key Point

· 고등어 말이 초밥(보즈시)은 오사카 스타일인데 동경 초밥보다는 약간 더 단맛이 난다.
· 밥에 참깨나 차조기를 채 썰어 넣어도 좋고 매실을 달여 넣으면 색다른 맛이 난다.
· 고등어를 소금으로만 절이지 않고 설탕에 먼저 절이는 이유는 고등어의 수분을 먼저 빼두기 위해서다. 그러면 소금에 절이는 시간이 단축되고 소금과 식초가 필요 이상으로 스며들지 않기 때문에 맛이 부드러워진다(설탕은 소금처럼 침투하지 않기 때문에 너무 달까봐 염려할 필요 없다).

만드는 법

❶ 고등어를 손질해서 설탕을 뿌려 40분 동안 두었다가 물에 씻어 물기를 닦는다. 그리고 소금을 뿌려 1시간 절여 물에 씻는다.
❷ ①을 산도 4% 식초에 한 번 씻는다.
❸ ②를 산도 4% 현미 식초에 1시간 정도 담근다.
❹ ③을 건져 비스듬히 펼쳐 놓아 물기를 뺀다.
❺ ④의 껍질과 가시를 뽑는다.
❻ ⑤에 칼집을 넣어 넓게 펼친다.
❼ ⑥을 대나무발 위에 놓고 고추냉이와 밥을 넣어 김밥처럼 만든 후 준비한 다시마를 고등어 말이 위에 덮어 랩으로 꽉 묶어 두었다 썰어낸다.

연근 연어 계란 초회

재료

연근 120g, 연어 200g, 설탕 20g, 천일염 20g, 계란노른자 10개(50도 물에 20분간 담갔다 건져 사용)

* ⓐ**소스** : 계란 노른자 10개, 다시 150ml, 설탕 30g, 국간장 25ml, 산도 5~7% 현미식초 50ml, 올리고당 50g
* ⓑ**소스** : 물 200ml, 산도 5~7% 현미식초 90ml, 설탕 40ml, 소금 약간

Key Point

· 연근은 80도로 15분간 찌면 단맛과 아삭함이 증가한다.
· 소금만으로 절이면 너무 짠맛이 강해질 수 있고 겉이 단단하게 되기 때문에 설탕을 같이 사용한다.
· 계란 소스를 세게 자주 저으며 만들면 기포가 생기면서 고유의 색깔이 나지 않는다.

만드는 법

❶ 연어는 설탕과 소금을 골고루 섞어 뿌린 후 4시간 동안 냉장고에 보관한다.
❷ 연근은 3~4mm 두께로 잘라 80도 찜통에 15분간 찐다.
❸ 연어를 썰어 연근과 겹겹이 포개어 소스와 함께 낸다.

ⓐ소스

❶ 이중냄비에 노른자 다시, 설탕, 국간장을 넣고 나무 주걱으로 저어가며 서서히 식힌다.
❷ ①이 걸쭉하게 되면(다시로 농도를 맞춘다) 식초와 올리고당을 넣고 살짝 끓인 후 가는 체에 천을 깔고 내린다.

복튀김

재료

참복 350g, 감자전분

* Ⓐ소스 : 물 300ml, 국간장 100ml, 청주 40ml, 미림 5ml, 생강 강판에 간 것 20g

Key Point

· 복어는 복요리 자격증을 갖고 있는 사람이 조리해야 한다.
· 너무 두껍게 자르면 익는 시간이 오래 걸리고 맛도 빠진다.
· 튀겼을 때 겉이 바삭바삭해야 하며 기름이 흐르면 안 된다.
· 저온에서 찐 후 튀기면 살도 촉촉하게 부드러워지고 기름도 절약할 수 있어서 좋다.
· 튀김은 젓가락으로 집었을 때 마른 낙엽 위를 걷는 것처럼 바스락바스락 소리가 나야 한다.

만드는 법

❶ 참복을 손질해서 적당한 크기로 잘라 팬에 넣고 Ⓐ소스를 부어 70도 찜통에 25분간 찐다.
❷ ①을 건져 물기를 완전히 닦지 말고 약간 남아 있도록 한다. 여기에 마른 전분을 묻혀 3분 정도 둔다.
❸ 180도 온도의 기름에 겉만 살짝 튀겨 낸다.

굴 주전자 찜

재료

생굴 12마리, 죽순 50g, 송이 50g, 은행 12알, 배추·파 적당량

* Ⓐ **소스** : 다시 400ml, 청주 15ml, 국간장 5ml, 소금 약간

Key Point

· 원래는 송이가 나오는 철에 주전자째로 찜을 해서 송이의 향이 우러나온 국물을 즐기는 요리다.
· 겨울에 굴을 주재료로 해서 영양과 향을 음미하는 요리이기 때문에 간을 너무 세게 하지 않는다.

만드는 법

❶ 생굴은 무즙에 버무려 씻은 다음 끓는 물에 살짝 데쳐내어 찬물에 씻어 물기를 제거한다.
❷ 죽순은 한 번 삶아서 Ⓐ소스에 넣어 다시 삶아 밑간을 들인다.
❸ 배추는 70도 찜통에 30분간 찐 다음 사용한다.
❹ 주전자에 준비한 위 재료들을 넣고 Ⓐ소스를 붓는다. 그리고 뚜껑을 덮어 70도로 20분간 쪄낸다.

붕장어 배추말이 찜

재료

배추 8잎, 붕장어 4마리(마리당 250g짜리), 칡전분 5g

* **Ⓐ소스 :** 다시 400ml, 국간장 40ml, 미림 30ml

Key Point

· 배추의 아삭함과 붕장어의 부드러움을 조화롭게 한다.
· 찜을 할 때는 필히 랩을 씌운다. 수증기가 모여 생긴 물방울이 재료에 직접 떨어지지 않도록 한다.

만드는 법

❶ 배추는 70도 찜통에 20분 찐다.
❷ 붕장어는 손질하여 50도 물에 담갔다가 손으로 문질러 씻는다. 그리고 껍질 쪽을 칼등으로 긁어 미끌미끌한 점액을 찬물로 깨끗이 씻어낸 다음 물기를 닦는다.
❸ ①의 배추를 김발 위에 가로로 펼치고 ②의 붕장어를 길게 잘라넣어 동그랗게 만다.
❹ 팬에 ③을 넣고 Ⓐ소스를 붓고 랩으로 덮어 70도 찜통에 30분간 찐다.
❺ ④를 잘라 그릇에 담고, 찌고 남은 국물을 조금 덜어내어 끓이다가 칡전분을 약간 풀어 걸쭉하게 만든 후 얹어낸다.

고구마 연어말이 튀김

재료

연어 300g, 생크림 50ml, 마늘편 60g, 고구마 300g(쪄서 가는 체에 내린 것, 밤고구마가 좋음)

* **Ⓐ소스 :** 다시 360ml, 국간장 30ml, 미림 15ml(살짝 한 번 끓여 완성)

Key Point

· 연어를 70도 찜통에 찌면 연어가 퍽퍽하지 않고 촉촉해서 부드러워진다.
· 고구마를 볶을 때 버터를 조금 사용해도 좋고 치즈를 섞어서 만들면 또 다른 식감과 맛을 낼 수 있다.

만드는 법

❶ 연어는 1cm 두께 15cm 길이로 넓게 펴서 후추와 소금을 적당량 뿌려 1시간 동안 재워둔다.
❷ 고구마를 냄비에 넣고 생크림과 마늘을 섞어 볶는다. 오랫동안 볶지 않고 매끄럽게 한 덩어리가 될 때까지만 볶는다.
❸ ①의 연어에 붓으로 마른 전분을 칠한 후 ②를 적당량 떠서 올려 김밥처럼 만다.
❹ ③을 랩으로 말아 양쪽 끝을 묶고 가느다란 꼬챙이로 2~3군데 찔러 공기를 뺀다.
❺ ④를 70도로 20분간 찐 후 겉에 마른 전분을 묻혀 180도 기름에 살짝 겉만 튀겨 낸다.

코코넛 말차 푸딩

재료

우유 1l, 코코넛가루 30g, 생크림 350ml, 올리고당 130g, 슈거파우더 130g, 가루젤라틴 15g, 말차가루(1t을 생수 100ml에 풀 것) 20ml

Key Point

· 생크림을 넣을 때는 우유가 약간 따뜻할 때 넣어야 한다. 너무 뜨거울 때 넣으면 분리가 되기 때문이다.
· 단팥죽을 되직하게 끓여 컵에 넣어 굳혀도 색다른 디저트가 된다.
· 검정콩을 졸일 때는 껍질이 터지지 않도록 하기 위해 50도물에 한 번 씻어낸 다음 찬물에 3일 동안 담가 푹 불리도록 해야 한다. 그리고 불렸던 물로 삶는 것이 중요하다(빠져나온 색소를 다시 흡수시키기 위해).

만드는 법

❶ 냄비에 코코넛가루를 넣고 약한 불에 나무주걱으로 저어가며 타지 않도록 노릇노릇하게 볶아 향을 낸다.
❷ ①에 우유를 붓고 약한 불에 끓지 않도록 따뜻하게 데운 후 설탕을 녹여 가는 체에 거른다.
❸ ②를 미지근하게 식힌 후 생크림과 올리고당을 섞는다.
❹ ③이 따뜻할 때 젤라틴을 넣어 녹인 다음 컵에 부어 굳힌다.
❺ ④에 진하게 탄 말차를 부은 다음 달게 졸인 검정콩을 올려낸다.

검정콩

❶ 냄비에 콩을 넣고 불렸던 물을 부어 중불로 삶는다.
❷ ①이 끓으면 불을 끈 후 소다를 넣고 뚜껑을 덮어 하룻밤 그대로 둔다.
❸ ②를 찬물에 씻어 냄비에 물2l, 설탕 300g, 소금 5g을 넣고 콩을 넣어 약한 불에서 맛을 늘린다.

초밥 짓기

재료

쌀 1/2 kg, 물 2,400ml

* Ⓐ소스 : 산도 7% 현미식초 150g, 물 75g, 설탕 35g, 천일염 45g

Key Point

· 밥쌀을 씻을 때 맨 처음 씻은 물은 재빨리 버려야 한다.
· 50도 물에 씻는 이유는 산화된 쌀 표면의 지방질이 잘 씻어지기 때문이다.
· 밥물이 15도일 때 수분 흡수율이 가장 좋아져 밥이 되었을 때 쌀 속까지 부드럽게 부풀어 맛있는 밥이 된다.
· 쌀은 깨지지 않도록 살살 씻는다. 밭쳐 놓는 시간도 계절에 따라 다르며 짓는 물도 오전과 오후, 계절, 당일 날씨에 따라 가감을 해야 하기 때문에 매일 노트에 기록하면 감을 잡는 데 도움이 될 것이다.
· 생선 처리는 위생적으로 해야 한다. 흰살 생선은 크기나 지방이 많고 적음에 따라 다르지만 포를 떠서 껍질을 벗긴 후 키친타올로 말아 냉장고에서 8~10시간 숙성시킨 후 사용한다. 큰 생선은 24시간 숙성시키면 부드러워지고 감칠맛이 난다.

만드는 법

❶ 넓은 볼에 50도 물을 넉넉히 붓고 쌀을 넣어 10초 동안 그대로 둔 후 거품기로 다시 10초 동안 저어 재빨리 뜬 물을 버린다.
❷ ①에 찬물을 넉넉하게 붓고 거품기로 부드럽게 저어 씻은 후 물을 버린 다음, 15도 물로 씻어 5분간 체에 밭쳐놓는다.
❸ ②를 15도 물에 30분간 담갔다 5분간 체에 밭쳐 물기를 뺀다.
❹ ③을 밥솥에 넣고 45분간 밥을 짓는다.
❺ 넓은 나무통에 밥을 퍼서 뜨거울 때 빠르게 Ⓐ소스를 뿌려 섞는다.

미스터 초밥왕

안.효.주

사람들은 그를 미스터 초밥왕이라고 부른다.

孝
安孝珠

孝
孝
안孝珠

혼魂을 담다

가장 중요한 것은 재료다

밥에 무작정 재료를 올렸다고 초밥이 되는 것은 아니다.

孝
안효주
安孝珠

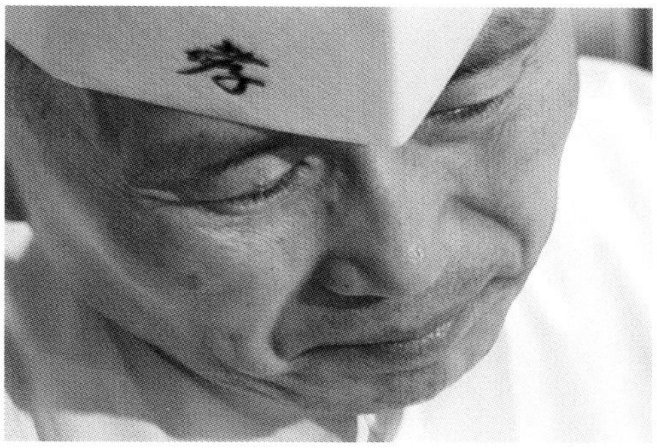

흔적

그의 얼굴에는 초밥과 함께한 30년이 새겨져 있다.

초밥은 나의 인생

"열심히 하면 곧 끝이 보일 거라고 생각했다.
그러나 하면 할수록 끝은 보이지 않았다.
죽기 전까지,
끝없이 발전해야 한다는 것을 깨달았다."

양식대가 박효남

Park Hyo Nam

호텔 셰프의 전설
박 효 남

서울 명동 세종호텔 총주방장 박효남(56) 셰프는 양식요리계의 작은 거장이다. 그가 15세 되던 1975년, 중학생 박효남은 쌍문동에서 종로까지 통학하던 중 종로5가에 있던 수도요리학원에 홀린 듯 들어가게 되었고, 그곳에서 그는 큰 인연을 맺는다. 지금도 영원한 스승이자 어머니처럼 모시고 있는 하숙정(전 수도조리전문학교 이사장) 원장을 만나게 된 것이다. 하 원장은 요리를 배우겠다고 찾아온 작고 시커먼 중학생을 남다른 애정으로 대해 주었다. 박효남 셰프의 요리 인생 38년은 이렇게 시작되었다.
주방은 그에게 '어머니의 부엌'과 같은 의미다. 어머니가 가족을 위해 정성스럽게 밥상을 차리듯, 그 역시 손님들을 그와 같은 마음가짐으로 맞는다. 이는 한 호텔에서 32년이나 주방을 지키게 해준 원동력이 됐다.
그가 요리하면서 가장 중요하게 여기는 것은 식재료다. 식재료가 곧 '요리의 처음이자 끝'이라는 것이 그의 생각이다. 최고의 재료를 최상의 상태에서 요리해야만 최고의 음식이 만들어진다는 사실을 그는 항상 잊지 않는다.
30년 넘게 한 분야에 정진하며 대가(大家)의 자리에 오른 힘은 무엇일까? 그는 열 손가락이 아닌 아홉 손가락으로 요리를 한다. 어린 시절 소여물을 주기 위해 작두질을 하다 오른손 검지 두 마디를 잃었던 것이다. 하지만 그는 '열 손가락이 아닌 하나만 잃은 게 얼마나 감사한 일인가'라고 생각했다. 손가락 하나를 잃은 대신 긍정의 자세를 얻은 것이다. 30년이 넘은 지금도 그는 요리에 이 자세를 담는다. '요리는 인성'이라고 말하는 요리철학에서도 엿볼 수 있듯이 훌륭한 인성은 그가 만든 음식의 화룡정점이다.
그는 요리업계에서 전설로 불린다. 외국인들의 전유물로 여겨졌던 외국계 호텔의 총주방장 자리에 올라 15년간 그 자리를 지켰기 때문이다. "저는 빈 접시를 확인하는 요리사입니다." 그는 식사가 끝난 테이블의 접시나 주방으로 돌아온 접시를 자신이 꼭 확인한다. 손님이 남긴 음식에서 자신이 고쳐야 할 점을 찾을 수 있기 때문이다. 그에겐 손님이 곧 또 하나의 스승인 셈이다.
그는 국가가 임명하는 '대한민국 조리명장'의 반열에 올랐다. 명실공이 대한민국 최고의 요리사라고 할 수 있다. 그는 "요리의 심(뿌리)은 실력"이라고 단언한다. 스스로 꾸준한 노력으로 실력을 키워 그를 통해 손님에게 답을 하는 것이 진정한 요리사라는 것이다. 그는 38년이라는 오랜 시간동안 요리만을 생각하며 살아왔다. 앞으로도 그 시간만큼 더 요리와 함께 하고 싶은 것이 그의 바람이다.

박효남

대한민국 요리명장
前 서울 힐튼호텔 총주방장
現 세종호텔 총주방장
세종 사이버대학교 교수

Menu
2015
Salmon
in Citrus Dressing
Cream Soup

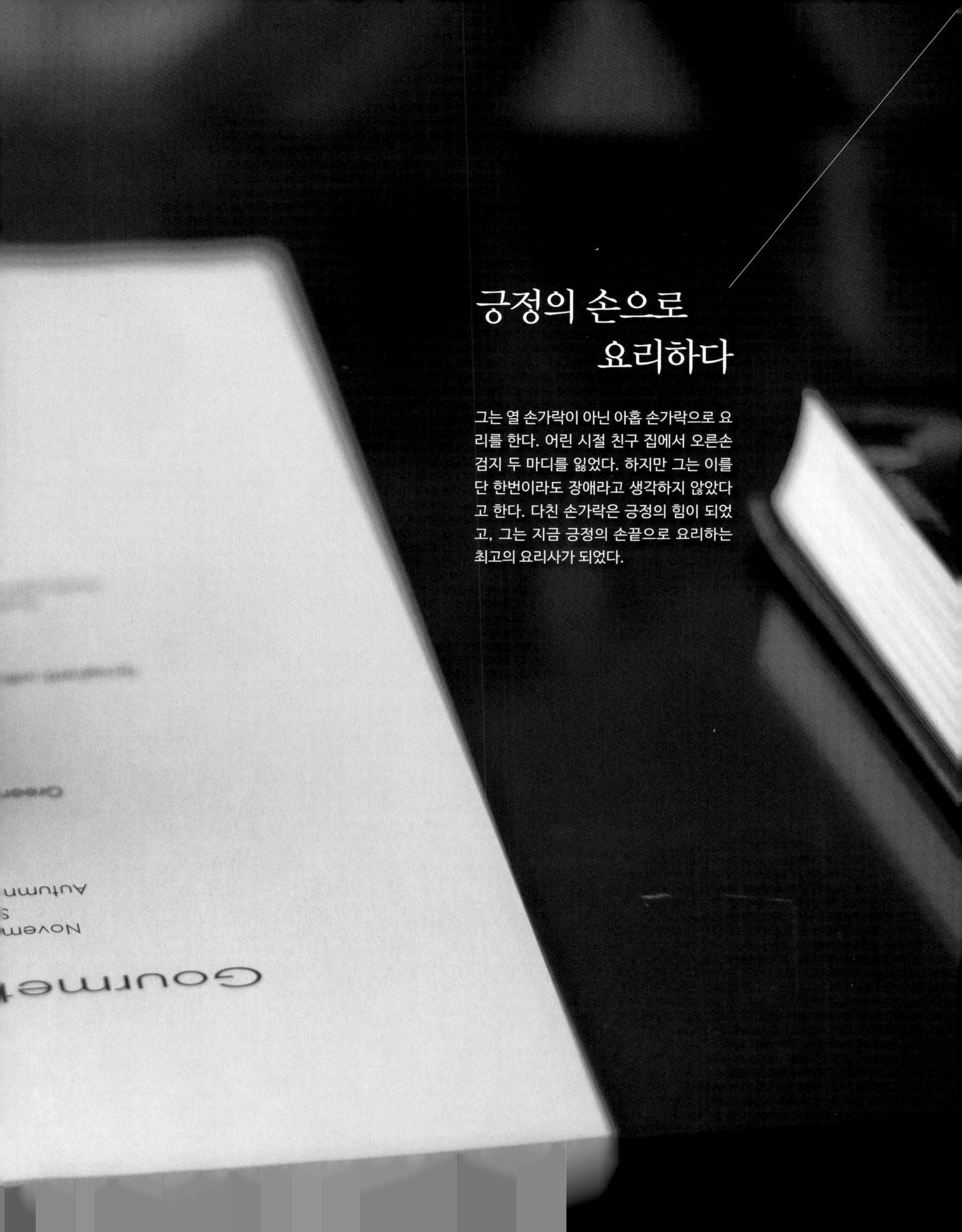

궁정의 손으로 요리하다

그는 열 손가락이 아닌 아홉 손가락으로 요리를 한다. 어린 시절 친구 집에서 오른손 검지 두 마디를 잃었다. 하지만 그는 이를 단 한번이라도 장애라고 생각하지 않았다고 한다. 다친 손가락은 긍정의 힘이 되었고, 그는 지금 긍정의 손끝으로 요리하는 최고의 요리사가 되었다.

장신초등학교 졸업
동대부속중학교 졸업
12273 조리사 면허증

이 세 줄은 그가 가진 이력의 전부였다. 하지만 행복한 삶으로서 요리사란 직업을 받아들이고 최고의 맛을 찾아 끊임없이 연구하고 노력한 결과, 그는 대한민국 요리사를 대표하는 요리 명장이 될 수 있었다.

H. N. Park
Korea Master Hand
名匠

항상 새로운 것을 추구하는 삶, 긍정적인 마음의 자세, '도전'에 대한 의지…
이 모든 게 요리로부터 비롯되었다

Z.N. Park
Master Hand

Contents

서양요리 기본 6대 소스

1. 브라운 소스(Brown Sauce, de mi glace)
2. 토마토 소스(Tomato Sauce)
3. 벨루테 소스(Veloute Sauce)
4. 베샤멜 소스(Bechamel Sauce)
5. 홀랜다이즈(Hollandaise)
6. 마요네즈(Mayonnaise)

케이퍼와 잣드레싱을 곁들인 절인연어 밀푀유

Marinated Salmon Mille Feuille & Caper and Pine Nut Dressing

재료

연어 100g, 케이퍼 5g, 잣 10g, 양파 20g, 건포도 10g, 올리브오일 100ml, 초생강 20g, 크루아상 1개, 어린잎채소 약간, 레몬 1/4개, 비트 20g, 실파 5g

만드는 법

❶ 연어는 약 3cm 크기로 자른다.
❷ 양파와 잣은 곱게 다져서 건포도, 올리브오일, 초생강을 넣어 드레싱을 만든다.
❸ ①의 연어에 ②의 드레싱을 넣고 약 60도 온도에 30분간 슬로우쿠킹을 한다.
❹ 크루아상은 약 2cm의 크기로 잘라 ③을 올린 후 어린잎채소와 비트로 장식한다.

바질페스토에 절인 광어살 & 바질팀발과 아스파라거스

Marinated Halibut in Basil Pesto Sauce
Basil Pesto Timbal and Green Asparagus

재료

광어살 80g, 바질페스토 3t, 아스파라거스 2개, 파마지아노 10g, 올리브오일 2t, 단호박 5g

* **바질팀발 :** 바질페스토 3t, 초생강 1t, 잣 1t, 젤라틴 2g

만드는 법

❶ 광어는 얇게 슬라이스한 후 바질페스토에 절인다.
❷ 아스파라거스는 껍질을 벗긴 후 끓는 물에 데쳐 소금, 후추, 올리브오일에 절인다.
❸ 바질팀발을 놓고 ①의 광어를 올린다. 여기에 단호박 곱게 채 썬 것을 올린 후 파마지아노를 뿌린다.
❹ 아스파라거스를 곁들인다.

바질팀발

❶ 바질페스토와 초생강, 다진 잣을 혼합한다.
❷ 젤라틴을 녹여서 ①에 혼합한다.
❸ 팀발 볼에 ②를 넣고 냉장고에 30분 정도 넣어 굳힌다.

프랑스식 표고버섯과 달팽이 다이올리

Black Mushroom and Snails Darioli

재료

표고버섯 2개, 달팽이 60g, 마늘 1/2t, 양파 1t, 타임 5g, 로즈마리 5g, 파슬리 10g, 퍼너드 와인 20ml, 적포도주 100ml, 버터 100g, 튀긴 비트(비트를 무채칼로 길게 썬 후, 물기를 빼고 전분을 뿌려 기름에 튀긴다) 3개, 생크림 100ml

만드는 법

❶ 표고버섯은 물에 살짝 데친 후 물기를 빼고 얇게 슬라이스한다.
❷ 작은 볼에 버터를 바른 후 ①의 버섯을 줄무늬 모양으로 채운다.
❸ 팬에 버터를 넣어 마늘과 양파를 볶은 후 달팽이를 넣고 퍼너드 와인으로 플람베한다.
❹ 여기에 적포도주를 넣고 타임과 로즈마리를 넣고 끓이다가 생크림을 넣고 졸인다.
❺ ④의 달팽이를 ②의 버섯볼에 넣고 180도 오븐에 20분간 굽는다.
❻ 팬에 버터와 파슬리 다진 것을 넣고 소스를 만든다.
❼ 접시에 ⑤의 달팽이를 놓고 비트로 장식 후 소스를 뿌린다.

고등어 밀푀유와 타임향 양파볶음

Potato Mille Feuille with Mackerel Comfit
Thyme Flavor Sauteed Onion and Garlic

재료

고등어 1/2마리, 올리브오일 100ml, 양파 1/2개, 타임 5g, 고춧가루 1/2t, 잣 1t, 건포도 1t, 마늘 5g, 감자글라스 2개, 치커리잎 1장

* **감자글라스** : 감자, 올리브오일

만드는 법

❶ 고등어는 잘 손질한 후 소금, 후추로 간을 하고 토치램프로 굽는다.
❷ 양파는 슬라이스한 후 팬에 올리브오일을 둘러 마늘과 함께 약간 브라운 색깔이 날 정도로 볶는다.
❸ 볶은 양파에 타임과 고춧가루, 건포도를 넣고 ①의 고등어에 올린 후 70도 온도에 1시간 정도 천천히 익힌다.
❹ 접시에 감자글라스를 깔고 치커리잎, 양파, 고등어를 사이에 놓은 후 감자글라스로 장식한다.

감자글라스

❶ 감자 껍질을 벗긴 후 얇게 슬라이스한다.
❷ ①의 감자를 물에 담가 전분을 뺀다.
❸ ②의 물기를 뺀 후, 실리콘매트나 기름종이에 올려 올리브오일을 약간 바른 후 기름종이를 덮어 약 80도 정도의 오븐에 굽는다.

아보카도 비쉬시아즈와 캐비어

Avocado Vichyssoise with Beluga Caviar

재료

아보카도 1개, 우유 100ml, 감자 1개, 대파 흰 부위 1조각, 닭육수 300ml, 월계수잎 1장, 캐비어 28g

만드는 법

❶ 감자와 대파 흰 부위를 닭육수, 월계수잎과 함께 삶는다.
❷ ①을 믹서기로 곱게 간다.
❸ ②에 아보카도와 우유를 넣고 간다.
❹ 마티니글라스에 ③을 담은 후 캐비어를 얹는다.

프랑스식 홍합찜

Madam Benoit Mussel Marinara

재료

홍합 200g, 양파다진것 50g, 닭육수 100ml, 마늘 10g, 백포도주 100ml, 빵가루 50g, 파슬리 20g, 올리브오일 3t, 바질잎 2장, 버터 80g, 샤프론 약간

만드는 법

1. 홍합은 손질 후 껍질을 반만 벗긴다.
2. 팬에 올리브오일을 두른 후 마늘과 양파를 볶다가 그 위에 홍합을 가지런히 놓는다.
3. 백포도주를 넣고 약간 졸인 후 닭 육수를 넣는다. 빵가루를 뿌린 후 샤프론과 바질잎을 넣고 끓여 홍합만 볼에 담아낸다.
4. ③의 팬에 버터를 넣고 파슬리 다진 것을 넣어 소금, 후추로 간을 한 후 홍합 위에 뿌린다.

프로방스식 바닷가재와 현미 미역 리조또

Sauteed Lobster Provence
Brown Rice and Sea Weed Risotto

재료

바닷가재1마리, 바질 3장, 타임 3g, 마늘 10g, 토마토 60g, 올리브오일 100ml, 감자칩 30g, 치커리 1장, 송로버섯오일 10ml, 화이트발사믹 10ml

* **현미 미역 리조또 :** 미역 100g, 현미 50g, 참기름 2t, 올리브오일 2t, 양파 20g, 마늘 5g, 생크림 100ml, 닭육수 100ml, 파마지아노 30g

만드는 법

프로방스식 바닷가재

❶ 바닷가재는 손질 후 바질, 타임, 마늘, 올리브오일을 넣고 절인다.
❷ 바닷가재 절였던 오일을 팬에 두른 후 ①의 바닷가재를 볶는다.
❸ 접시에 현미 미역 리조또를 담고 ②의 바닷가재를 놓는다.
❹ 감자칩과 치커리에 송로버섯오일, 화이트발사믹과 소금, 후추로 간을 한다.
❺ ③의 바닷가재 위에 ④의 감자칩 샐러드를 올린다.

현미 미역 리조또

❶ 미역은 물에 불린 후 다진다.
❷ 현미는 찜통에 찐다.
❸ 팬에 참기름과 올리브오일을 넣고 마늘과 양파를 볶는다.
❹ 여기에 미역을 넣고 볶은 후, 육수와 생크림을 넣고 현미와 함께 끓인다.
❺ 걸쭉하게 되면 치즈를 넣는다.

가지와 마스카포네를 곁들인 구운 토마토와 노랑파프리카 수프

Baked Tomato with Mascarpone and Eggplant Yellow Capsicum Soup

재료

토마토 1개, 가지 1/2개, 마스카포네 60g, 토마토소스 1t, 바질잎 약간, 노랑파프리카 1개, 닭육수 300ml, 양파 1/2개, 생크림 100ml, 올리브오일 100ml

만드는 법

❶ 토마토는 끓는 물에 살짝 데쳐서 껍질을 벗긴 후 속을 파낸다.
❷ 토마토 껍질은 물기를 빼 기름에 튀긴다.
❸ ①의 토마토를 작은 볼에 올린 후 약 70~80도 온도에 30분 정도 말린다.
❹ 가지는 반을 자른 후 올리브오일을 발라 오븐에 굽는다.
❺ 스푼으로 구운 가지의 껍질을 벗겨 곱게 다진다.
❻ 다진 가지와 마스카포네 치즈, 토마토소스를 ③의 토마토 속에 채운 후 오븐에 굽는다.
❼ 노랑파프리카는 올리브오일을 발라 오븐에 구워서 껍질을 벗긴다.
❽ 팬에 올리브오일을 넣고 양파를 볶다가 파프리카와 함께 육수와 바질잎을 넣어 끓인다. 여기에 크림을 넣고 믹서기에 곱게 갈아낸다.
❾ 볼에 ⑥의 토마토를 담고 ⑧의 파프리카 수프를 가장자리에 담은 후 토마토 껍질 튀긴 것과 바질잎으로 장식한다.

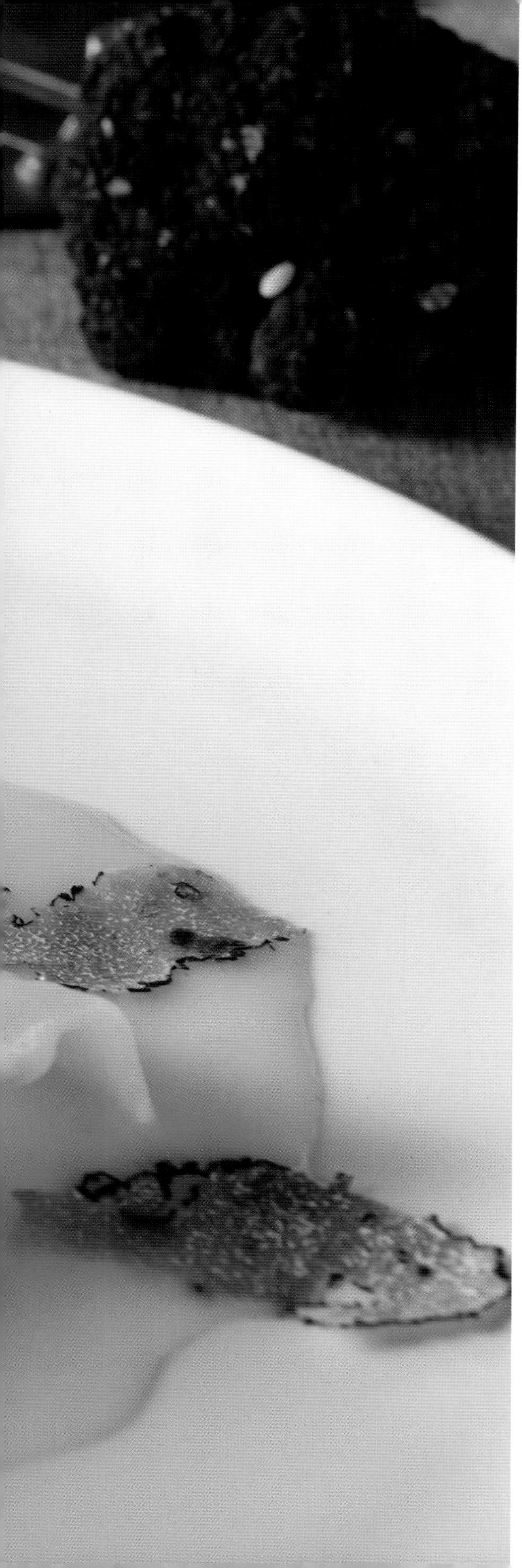

타임향이 나는 송로버섯 소스를 곁들인 관자살 라비올리

Sea Scallops Ravioli
Truffle Thyme Beurre Blanc

재료

관자살작은것 3개, 올리브오일 20ml, 타임 5g, 만두피 3장

* **소스** : 양파다진것 10g, 백포도주 100ml, 타라곤 3g, 닭육수 100ml, 버터 100g, 송로버섯 5g, 송로버섯크림 2t, 타임 3g

만드는 법

❶ 관자살을 잘게 자른 후 올리브오일, 타임을 넣고 소금, 후추로 간을 한다.
❷ 만두피에 ①의 관자살을 넣고 반으로 접어 라비올리를 만든다.
❸ 소스 팬에 ②의 관자살 라비올리를 삶아서 타임 다진 것과 함께 넣은 후 소금, 후추로 간을 한다.
❹ 접시에 담은 후 송로버섯을 얇게 저며 뿌린다.

소스

❶ 팬에 양파, 백포도주, 닭육수, 타라곤을 넣어 졸인 후 버터를 넣고 몬테해 거른다.
❷ ①의 팬에 송로버섯크림을 넣어 끓인다.

쇠고기안심과 양상추에 아보카도

Grilled Beef Tenderloin Iceberg Lettuce and Quacamole

재료

쇠고기안심 120g, 양상추 1개, 아보카도 1/4개, 토마토 1/4개, 할라피뇨 1개, 올리브오일 50ml, 양파 30g, 청고추 1/2개, 방울토마토 2개, 고수 2장, 춘권피, 발사믹 졸인 것

만드는 법

❶ 양상추 잎은 동그란 모양으로 골라서 깨끗이 손질한다.
❷ 아보카도, 토마토, 양파, 할라피뇨, 고수, 올리브오일을 넣고 아보카도 과카몰리를 만든다.
❸ 춘권피는 곱게 채 썬 후 기름에 튀긴다.
❹ 방울토마토는 꼭지를 남기고 칼집을 낸 후 기름에 튀긴다.
❺ 쇠고기안심은 소금, 후추로 간을 한 후 그릴 팬에 구워내 약 2~3cm 크기로 자른다.
❻ 접시에 ①의 양상추를 놓고 과카몰리를 올린다.
❼ 여기에 ⑤의 쇠고기안심을 올리고 발사믹 졸인 것을 뿌린 후, 춘권피 튀긴 것을 올리고 ④의 방울토마토로 장식한다.

간장 와사비 드레싱을 곁들인 바닷가재 타르타르와 수박피클

Fresh Lobster Tartar with Water Melon Pickle and Soy Wasabi Dressing

재료

바닷가재살 100g, 수박 100g, 김 20g, 어린잎채소 20g, 식용꽃 3장, 간장 와사비 드레싱 3t, 피클주스 30ml, 물냉이 10g, 마요네즈 1t, 올리브오일 2t

* **간장 와사비 드레싱 :** 배즙 1t, 무즙 1t, 간장 1t, 와사비 1t, 마늘 1/2pc, 설탕 1/2t, 정종 2t, 참기름 1t, 마요네즈 2t

만드는 법

❶ 바닷가재살은 끓는 물에 살짝 데친 후 얼음물에 담가 식힌다.
❷ 데친 바닷가재살의 물기를 뺀 후 약 0.5cm 크기로 자른다.
❸ 간장 와사비드레싱을 넣고 잘 혼합한다.
❹ 수박은 가로 2cm 세로 5cm 크기로 자른 후 피클주스에 약 2시간 정도 절인다.
❺ 물냉이는 곱게 간 후 마요네즈와 올리브오일을 넣고 소스를 만든다.
❻ ④의 수박에 ③의 바닷가재를 올린 후 김으로 장식한다.
❼ 접시 가장자리에 물냉이 소스를 뿌린 후 어린잎채소와 식용꽃으로 장식한다.

간장 와사비 드레싱

❶ 배와 무는 강판에 갈아서 즙을 낸다.
❷ ①에 간장, 마늘, 설탕, 정종, 참기름, 마요네즈를 넣고 잘 혼합한다.

프랑스식 양갈비 로시니와 감자 채소 도피누와즈

Lamb Cutlette Rossini Potato Vegetable Dauphinoise

재료

양갈비 1개, 푸아그라 1개, 가지 1/4개, 포트와인발사믹소스 2t, 민트 1개, 로즈마리 1개

* **감자 채소 도피누와즈 :** 감자 1개, 애호박 30g, 가지 30g, 빨강파프리카 30g, 초록파프리카 30g, 양파 30g, 토마토소스 2t, 올리브오일 50ml, 그로이어치즈 60g

만드는 법

❶ 양갈비는 소금, 후추로 간을 한 후 그릴에 굽는다.
❷ 2등분한 가지에 올리브오일을 뿌린 후 오븐에 굽는다.
❸ ②의 속을 뺀 후 곱게 다진다.
❹ ①의 양갈비에 가지 퓨레(③)와 함께 거위간을 구워 올린다.
❺ 접시에 감자 채소 도피누와즈를 놓고 ④의 양갈비를 올린 후 포트와인 발사믹 소스를 뿌린다.
❻ 민트잎과 로즈마리잎으로 감자 채소 도피누와즈를 장식한다.

감자 채소 도피누와즈

❶ 껍질 벗긴 감자를 삶은 후 동그란 모양으로 자른다.
❷ 애호박, 파프리카, 양파, 가지는 약 2cm 크기로 자른다.
❸ 팬에 올리브오일을 두른 후 마늘을 볶다가 ②의 야채를 넣고 볶은 후 토마토소스를 넣고 끓인다.
❹ 동그란 틀에 ①의 감자를 넣고 ③의 야채를 채운 후 치즈를 뿌린다.
❺ ④를 반복해 채운 후 150도 오븐에서 15분 굽는다.

아스파라거스와 대게살 샬롯에 아몬드젤리

Green Asparagus and King Crab Charlotte Almond Jelly

재료

대게살 100g, 아보카도 1/2개, 사과 1/4개, 올리브오일 80ml, 바질잎 4장, 레몬즙 1t, 아스파라거스 200g, 팝콘 10g

* **아몬드젤리 :** 아몬드슬라이스 15g, 마늘 1쪽, 통후추 3알, 우유 200ml, 드라이버므스와인 50ml, 젤라틴 1조각

만드는 법

❶ 아스파라거스는 껍질을 벗긴 후 삶는다.
❷ 삶아낸 아스파라거스는 샬롯틀 높이에 맞게 자르고 반을 갈라 올리브오일과 소금·후주 간을 한 후 샬롯틀에 가지런히 채운다.
❸ 대게살과 사과, 아보카도를 잘게 자른 후 바질잎, 레몬즙을 넣고 잘 혼합해 ②의 샬롯틀에 담는다.
❹ 여기에 아몬드젤리를 올린 후 팝콘을 곱게 갈아서 뿌린다.

아몬드젤리

❶ 팬에 아몬드, 마늘, 와인, 통후추, 우유를 넣고 끓인 후 고운 채에 거른다.
❷ 믹싱볼에 ①과 젤라틴을 넣어 녹인 후 얼음을 받친 볼에 담아 거품기로 저어주면 젤리가 완성된다.
❸ ②를 냉장고에 보관 후 스푼으로 퍼서 사용한다.

빵가루를 입힌 관자살 튀김과 요거트 칠리소스

Fried Breaded Sea Scallop in Yoghurt Chili Sauce

재료

관자살 2개, 빵가루 100g, 밀가루 30g, 계란 1개, 케이퍼 20g, 우유 1/2pc, 식용꽃 4개, 어린잎채소 30g, 식용유 300ml, 오이 1/2개

* **요거트 칠리 소스 :** 플레인요거트 100ml, 고수 3장, 빨강고추 1/4개, 스위트칠리소스 20ml, 레몬즙 2t, 소금·후추 약간씩

만드는 법

❶ 물기를 뺀 관자살에 소금·후추로 간을 한 후 밀가루와 계란, 빵가루를 차례대로 입힌다.
❷ 약 150도로 달군 식용유에 ①의 관자살을 튀긴다.
❸ 오이는 껍질을 벗겨 고운 채칼로 납작하게 썰어낸 후, ②의 관자살과 함께 동그랗게 만다.
❹ 접시에 요거트 칠리소스를 약 1/3 정도 담은 후 관자살을 올린다.
❺ ④의 관자살 위에 곱게 채 썬 케이퍼를 올리고 새싹과 식용꽃으로 장식한다.

요거트 칠리소스

빨강고추와 고수를 다진 후 플레인요거트와 칠리소스를 넣고 레몬즙과 함께 소금, 후추로 간을 한다.

씨겨자 드레싱을 곁들인 참다랑어와 머스크멜론

Blue Fin Tuna with Musk MelonGrain Mustard and Extra Virgin Olive Oil Dressing

재료

참다랑어 1/4조각, 빨강파프리카 1/4개, 노랑파프리카 1/4개, 실파 10g, 초생강 20g, 씨겨자 2t, 올리브오일 50ml, 머스크멜론 1/8개

만드는 법

1. 참치는 약 4~5cm의 크기로 자른다.
2. 파프리카와 실파도 4~5cm의 크기로 자른다.
3. 볼에 씨겨자, 올리브오일, 초생강과 주스를 넣고 소스를 만든 후 ①의 참치와 ②의 야채를 넣고 골고루 섞는다.
4. 머스크멜론은 껍질을 벗긴 후 외지 모양으로 자른다.
5. ④의 멜론에 ③의 참치를 올린다. 여기에 실파로 장식한 후 소스를 가장자리에 뿌린다.

파슬리라이스와 씨겨자 소스를 곁들인 한우안심과 부추

Seared Hanwoo Tenderloin Chive Young Leave and Parsley Rice Pommery Mustard Sauce

재료

한우안심 120g, 흰밥 60g, 파슬리 5g, 방울토마토 2개, 마늘 20g, 바질 3장, 파슬리 10g, 영양부추 50g, 겨자드레싱 5t, 씨겨자 2t, 꿀 1t, 홀스레디쉬 1t, 올리브오일 3t

만드는 법

❶ 한우안심은 소금 후추로 간을 한 후 팬을 달궈 양면으로 굽는다.
❷ 팬에 올리브오일을 두른 후 마늘을 볶다가 방울토마토와 바질, 파슬리를 넣는다. 뚜껑을 덮고 약 1분 정도 구운 후 소금, 후추로 간을 한다.
❸ 흰밥에 올리브오일, 파슬리 다진 것을 넣고 소금, 후추로 간을 한다.
❹ 부추는 겨자드레싱으로 골고루 버무린다.
❺ 씨겨자, 홀스레디쉬, 꿀, 올리브오일, 파슬리 다진 것을 넣고 소스를 만든다.
❻ 접시에 소스를 뿌린 후 안심과 파슬리라이스를 놓는다. ④의 부추 샐러드는 고기 위에 올린다.
❼ ②를 가장자리에 놓는다.

핑거 카프레제

Finger Food Caprese

재료

노랑파프리카 1/2개, 닭육수 200ml, 방울토마토 4개, 토마토주스 100ml, 버팔로 모차렐라 1조각, 올리브오일 60ml, 바질잎 4장

만드는 법

❶ 파프리카를 구워서 껍질을 벗기고 육수에 끓인 후 믹서기에 곱게 간다.
❷ ①을 식혀서 올리브오일과 섞은 후 스포이트에 넣는다.
❸ 버팔로 모차렐라와 방울토마토를 소금, 후추, 올리브오일에 절인다.
❹ ③의 모차렐라와 방울토마토에 ②의 스포이트를 꽂는다.
❺ 토마토주스에 올리브오일과 소금, 후추로 간을 한 후 글라스볼에 약1/3만 담는다.
❻ ⑤의 글라스볼에 ④를 담고 바질잎으로 장식한다.

라즈베리 셔벗을 곁들인 딸기 콩포트와 민트젤리 그리고 패숑후르츠 소스

Strawberry Comport with Raspberry Sherbet Passion Fruit Sauce and Mint Gelly

재료

딸기 150g, 코인트로 3t, 설탕 1t, 민트 3장, 젤리 5g, 민트리큐르 2t, 패숑후르츠 소스 3t, 라즈베리 셔벗, 튜율리 3개, 마이크로 잎 3장

만드는 법

❶ 딸기는 약 0.5cm의 크기로 자른 후 설탕과 코인트로에 절인다.
❷ 딸기를 얇게 슬라이스한 후 동그란 몰드 안쪽으로 가지런히 놓는다.
❸ ①의 딸기를 ②의 딸기 몰드에 담는다.
❹ 젤리를 녹여서 민트리큐르와 민트 다진 것을 넣고 팬에 얇게 펴 담은 후 냉장고에 굳힌다.
❺ ④의 젤리를 다이아몬드 모양으로 자른다.
❻ 접시에 ③의 딸기 몰드를 담은 후 라즈베리 셔벗을 올리고 몰드를 돌려가면서 빼준다.
❼ ⑥의 딸기와 라즈베리 셔벗 가장자리에 민트젤리, 패숑후르츠 소스를 뿌린다. 마이크로 잎으로 장식한 후 라스베리 셔벗 위를 튜율리로 장식한다.

믹스넛을 곁들인 캐러멜라이즈드 토마토, 스위트바질과 바닐라아이스크림

Caramelized Tomato Stuffed with Mixed Nut Sweet Basil Honey and Vanilla Ice cream

재료

토마토 1개, 믹스넛 50g, 꿀 3t, 바질잎 3장, 스위트바질허니(바질잎 6장, 꿀 3t, 올리브오일 5t) 3t, 슈거파우더 1t

만드는 법

❶ 토마토의 꼭지 있는 쪽을 도려낸 후 속을 파낸다.
❷ 밋스넛에 토마토속과 꿀, 바질을 혼합한 후 ①의 토마토에 채운다.
❸ ②의 토마토에 토마토 꼭지 뚜껑을 덮은 후 스위트바질허니를 발라 100도 오븐에 30분간 굽는다.
❹ 바질잎은 기름에 바삭하게 튀긴다.
❺ 접시에 ③의 토마토를 놓고 바닐라아이스크림을 올린다. 뚜껑을 덮고 ④의 바질잎을 장식한 후 슈거파우더를 뿌린다.

스위트바질허니

❶ 바질잎을 기름에 튀긴다.
❷ ①에 올리브오일을 넣고 믹서기에 간 후 고운 채로 거른다.
❸ ②에 꿀을 넣고 잘 혼합한다.

금귤과 인삼 무스 그리고 오렌지 셔벗

Kumquat and Ginseng Mousse Cointreau Flavor Orange Sherbet

재료

금귤 3개, 인삼 1개, 설탕 3t, 커스터드 20g, 생크림 30ml, 인삼칩 1개, 코인트르 3t

만드는 법

❶ 금귤은 설탕을 넣고 콩포트를 만든다.
❷ 인삼과 금귤을 믹서기에 넣고 곱게 간다.
❸ 커스터드를 만든 후 ②의 금귤과 인삼 무스를 혼합해 동그란 모양의 틀에 담아 냉장고에 굳힌다.
❹ 접시에 ③의 인삼 무스를 담은 후 금귤 콩포트와 인삼칩으로 장식한다. 여기에 오렌지 셔벗을 담은 후 슈거파우더를 뿌린다.

인삼칩

❶ 인삼은 얇게 슬라이스한 후 설탕물에 살짝 데친다.
❷ ①의 인삼을 기름종이 위에 가지런히 놓은 후 다시 기름종이를 덮어 80도 오븐에 30분간 말린다.

"요리가 곧 나의 38년이고,
음식은 나의 마음을 움직인다"

주방은 그에게 '어머니의 부엌'과 같은 의미다

어머니가 가족을 위해 정성스럽게 밥상을 차리는 것처럼 그 역시 손님들을 그런 마음가짐으로 맞는다. 이는 호텔에서 38년간 생활할 수 있었던 원동력이 되었다.

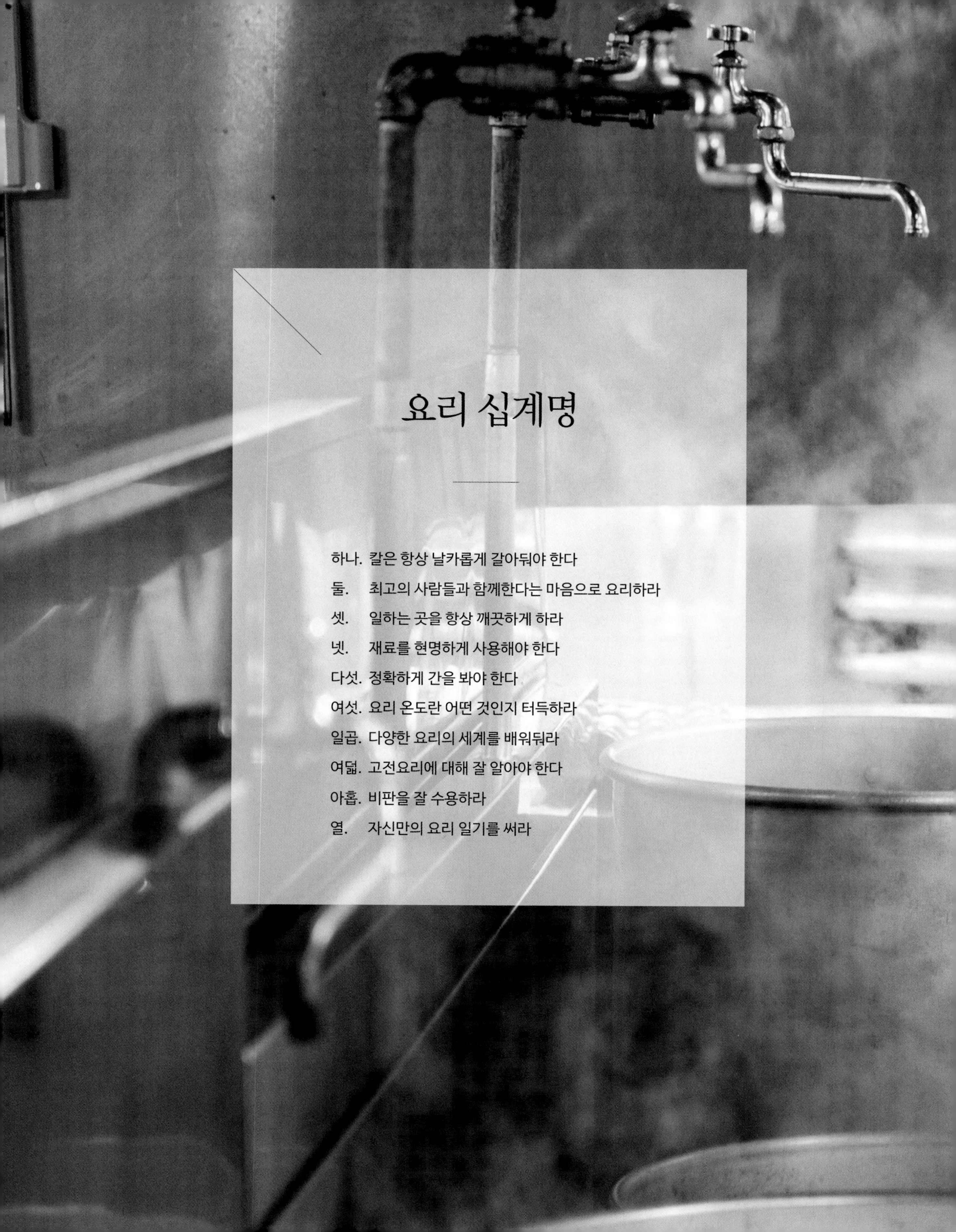

요리 십계명

하나. 칼은 항상 날카롭게 갈아둬야 한다
둘. 최고의 사람들과 함께한다는 마음으로 요리하라
셋. 일하는 곳을 항상 깨끗하게 하라
넷. 재료를 현명하게 사용해야 한다
다섯. 정확하게 간을 봐야 한다
여섯. 요리 온도란 어떤 것인지 터득하라
일곱. 다양한 요리의 세계를 배워둬라
여덟. 고전요리에 대해 잘 알아야 한다
아홉. 비판을 잘 수용하라
열. 자신만의 요리 일기를 써라

H.N. Park
Korea Master Hand

나의
경쟁자는 나

"저는 빈 접시를 확인하는 요리사입니다." 그는 식사가 끝난 테이블의 접시나 주방으로 돌아온 접시를 자신이 꼭 확인한다. 손님이 남긴 음식에서 자신이 고쳐야 할 점을 찾을 수 있기 때문이다.

38년…
그리고 또 다시
38년

"난 38년간 요리만을 생각하며 살아왔다.
앞으로도 그 시간만큼 요리와 함께하고 싶다.
한국의 맛과 세계의 맛을 어우르는 것이
내 요리의 미래일 것이다."

Korea Master

LOTTE HOTEL SEOUL
Executive CHEF
YEO KYUNG OK

중식대가 여경옥

Yeo Kyung Ok

여경옥

前 신라호텔 수석 조리장,
중국 소주신라호텔 총주방장
現 롯데호텔 중식당 도림 총주방장
루이 오너셰프

‘삼쾌’한 중식 대부
여 경 옥

서울 한복판에 있는 국내 최고 호텔 중 한 곳인 롯데호텔의 중식당을 총괄하고 있는 여경옥(54) 셰프. 그는 우리나라를 대표하는 중식 대부다. 셰프로, 교수로, 사업가로 많은 활동을 하고 있는 그의 이력은 매우 화려하다. 뿐만 아니라 성격 또한 정말 삼쾌(유쾌, 통쾌, 상쾌)하다. 이런 그는 방송가에서도 절대 지나칠 수 없는 존재였다. 덕분에 오래전부터 많은 방송출연으로 인기를 얻을 수 있었다. 그의 이야기를 할 때 꼭 빠지지 않는 한 사람이 있다. 그것은 바로 그의 형 여경래(앰배서더호텔 홍보각 오너 셰프) 셰프다. 여씨 형제는 어느 것 하나 우열을 가릴 수 없을 정도로 용호상박의 실력과 이력을 갖췄다.

중국 산둥성 출신 화교 아버지와 한국인 어머니의 삶은 너무나 궁핍했다. 설상가상으로 그가 세 살 되던 해 찾아온 갑작스런 아버지의 죽음은 가족들에게 더 큰 어려움만 유산으로 남겼다. 하루 한 끼 먹기도 힘들었던 1975년 어느 날, 어머니는 형 여경래를 불러 “너는 중국사람 자손이니, 중국음식 기술을 배워라”라고 말씀하셨다. 형은 가장으로서 아버지를 대신해 돈을 벌어야 했다. 결국 서울 종로에 있는 한 중국음식점으로 들어가 먼저 중식계에 입문하게 된다. 곧이어 여경옥 셰프도 중학교 졸업 후 인천의 한 중국집에서 배달을 시작하며 형과 같은 길로 들어서게 되었다.

이렇게 여경옥 셰프가 중식계에 입문한지도 어언 40여 년이 되었다. 지금의 자리에 서기까지 많은 힘든 일이 있었지만, 그래도 한 길만을 오랜 시간동안 걸어올 수 있었던 원동력은 ‘긍정적 마인드’였다. 항상 즐겁고 감사하는 마음으로 일을 했기 때문에 시간이 언제 이렇게 흘러갔는지도 모르겠다고 한다.

그렇게 세월도 잊은 채 달려온 결과, 여 셰프는 어느새 롯데호텔 중식당 총괄 셰프, 중국명장위원회 위원, 조리기능장, 관광학 박사 등의 이름을 갖게 되었다. 그리고 틈틈이 《여경옥의 중국요리》, 《2,000원으로 만드는 중국요리》, 《호텔 중국요리》, 《명품 중국요리》 등 여러 권의 책을 쓰기도 했다.

오래된 친구

주방이 곧 학교이자 놀이터였던 그에겐
이 도구들이야말로 가장 친한 친구였다.

요리인생 38년
중식대가 되다

최고의 호텔에서 주방을 책임진다는 것은 결코 쉽지 않은 일이다. 음식을 찾는 사람들의 입맛보다 언제나 한 발짝 앞서야 한다.
끊임없는 레시피 연구 개발이 곧 손님에 대한 배려인 이유다.

LOTTE HOTEL SEOUL
Executive CHEF
YEO KYUNG OK
INDIEN
Graphic Design
BEST SIGN

음식은 호텔의 얼굴이다

Contents

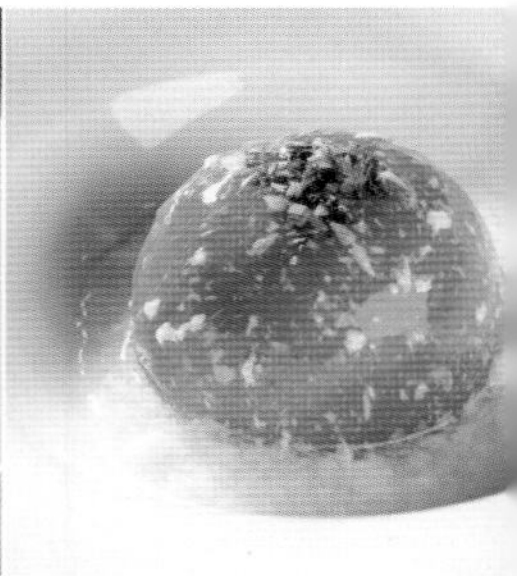

물녹말

만드는 법

❶ 녹말가루와 물을 1:2 비율로 넣고 골고루 잘 섞어 만든다.

불린 녹말

만드는 법

❶ 녹말가루를 그릇에 담고 녹말가루가 푹 잠길 정도로 찬물을 넉넉히 부은 다음 골고루 저어 녹말가루와 물이 잘 섞이도록 한다.
❷ 골고루 섞이면 10분 정도 그대로 두어 녹말을 가라앉힌다. 완전히 가라 앉아 윗물이 맑아지면 가만히 따라버리고 앙금만 남긴다.
❸ 윗물을 따라낸 뒤 아래에 남은 앙금이 바로 불린 녹말이다. 불린 녹말은 냉장고에 넣어 두고 필요한 만큼 덜어서 쓴다.

230 청두탕면

232 전가복

234 길품전복

236 유림기

238 한알탕수육

252 해물두반두부

254 어향소스 우육권

256 검은콩소스 해삼말이

258 양장피잡채

260 발채버섯볶음

불도장

재료

양파 1개, 대파 1개, 생강 1쪽, 다진돼지고기 500g, 다진닭가슴살 1kg(육수 20인분 : 먼저 10리터의 물을 넣고 재료를 끓인 다음 불을 줄여서 5~6시간 정도 천천히 끓여 맑고 진한 육수를 낸다), 불린해삼 50g, 송이버섯 1/2개, 전복 1개, 돼지목살 20g, 소힘줄 30g, 배춧잎 1장, 오골계 30g, 샥스핀 40g, 마른관자 1/2개, 대파 1개, 생강 1쪽

* **소스** : 육수 1컵, 소흥주 1T, 간장 1/2T, 소금 약간

만드는 법

❶ 송이버섯, 해삼, 배추는 편으로 썰고 소힘줄은 기름을 제거한 뒤 3cm 정도로 길게 썬다.
❷ 오골계, 목살은 네모꼴로 썰고 전복은 칼집을 넣고 1마리 모두 삶아 익혀 그릇에 담는다.
❸ 마른관자, 대파, 생강도 같이 넣는다.
❹ 만들어 놓은 육수에 소흥주, 간장, 소금을 넣고 간을 한 다음 그릇에 붓는다.
❺ 스팀에 약 3시간 쪄낸 다음 대파와 생강을 빼서 완성한다.

공보새우

재료

중하 10마리, 계란흰자 1/2개, 전분 1t, 홍피망 1/2개, 땅콩 20알, 샐러리 1/2줄기, 마른고추 50g, 대파 1/2개, 마늘 2개, 다진생강 1st, 식용유 2컵

* **소스 :** 간장 1t, 설탕 1T, 두반장 1t, 굴소스 1T, 후춧가루 1t, 물 2T, 전분 1t, 고추기름 2T, 청주 1T

만드는 법

❶ 마른고추는 씨를 제거하고 길이 2cm로 잘라놓는다.
❷ 중하는 등을 갈라서 내장을 제거하고 계란흰자, 전분을 넣어 버무려 놓는다.
❸ 홍피망, 샐러리는 1.5cm 크기로 썰고 대파, 마늘은 편으로 썰어 준비한다.
❹ 그릇에 간장, 설탕, 두반장, 굴소스, 후춧가루, 물, 전분을 넣고 소스를 만든다.
❺ 팬에 식용유를 넣고 마른고추와 중하를 같이 넣어 익힌다.
❻ 중하가 익으면 땅콩과 샐러리, 홍피망도 같이 익혀낸 다음 걸러내서 기름을 빼준다.
❼ 팬에 고추기름, 대파, 생강, 마늘을 5초 정도 볶다가 청주를 넣는다.
❽ 센 불에 익혀놓은 중하와 야채 그리고 준비한 소스를 넣고 빠르게 같이 섞어낸 후 접시에 담는다.

가상소스 통해삼

재료

불린통해삼 1개, 돼지고기 40g, 대파 1/3개, 마늘 1개, 생강 1쪽

* **소스 :** 고추기름 2T, 청주 1T, 간장 1t, 두반장 1t, 굴소스 1t, 후춧가루 1st, 물 3T, 물전분 1T

만드는 법

❶ 불린해삼을 끓는 물에 데친다.
❷ 돼지고기는 잘게 썰어놓고 대파, 마늘, 생강은 잘게 편으로 썬다.
❸ 팬에 고추기름을 넣고 먼저 돼지고기와 대파, 생강, 마늘을 볶아준다.
❹ 청주, 간장, 두반장을 넣고 데친 해삼을 넣어 30초 정도 볶다가 굴소스, 후춧가루, 물을 넣는다.
❺ 10초 정도 더 볶다가 물전분을 풀어서 걸쭉하게 한 다음 접시에 담는다.

팔진샥스핀

재료

불린샥스핀 50g, 해삼채 70g, 죽순채 50g, 표고버섯채 50g, 소하 8마리, 채썬쇠고기 50g, 팽이버섯 10g, 비타민 1뿌리, 대파·생강·마늘 약간

* **볶음소스** : 식용유 2T, 청주 1T, 간장 1t, 굴소스 1T, 후추 1st, 물전분 2T
* **소스** : 식용유 2T, 청주 1T, 간장 1t, 굴소스 1t, 물 2/3컵, 물전분 1T, 참기름 1t

만드는 법

❶ 샥스핀은 소금 양념을 해서 스팀에 쪄놓는다.
❷ 소하는 내장을 빼고 쇠고기채와 함께 전분을 살짝 넣고 버무려서 기름에 익힌다.
❸ 비타민과 팽이버섯은 뿌리를 잘라서 4cm 크기로 썰어놓는다.
❹ 채 썬 죽순, 표고, 해삼은 끓는 물에 데쳐놓는다.
❺ 팬에 식용유를 넣고 대파, 생강, 마늘을 잘게 썰어 볶다가 청주, 간장을 넣어준다.
❻ 데쳐놓은 재료와 굴소스, 후춧가루를 넣고 익혀놓은 소고기와 소하, 비타민, 팽이버섯을 함께 1분 정도 볶아준다.
❼ 물전분을 풀어서 걸쭉하게 만든 다음 접시에 담는다.
❽ ⑦에 샥스핀을 데쳐서 올려준다.
❾ 다시 팬에 식용유를 넣고, 청주, 간장, 굴소스, 물을 넣고 끓이다가 물전분을 풀어서 걸쭉하게 보글보글 끓인 다음 참기름을 넣고 샥스핀 위에 뿌려준다.

해물토마토찜

재료

중간크기 토마토 3개, 갑오징어살 40g, 전복 1개, 중하 2개, 관자 1개, 죽순 50g, 표고버섯 2개, 양파 50g, 다진대파 1t

* **볶음소스 :** 식용유 2T, 굴소스 1t, 청주 1t, 간장 1t, 물전분 1t
* **소스 :** 물 1컵, 치킨파우더 1t, 소금 1/2t, 물전분 1T, 계란흰자 1개, 잘게썬고수 1T

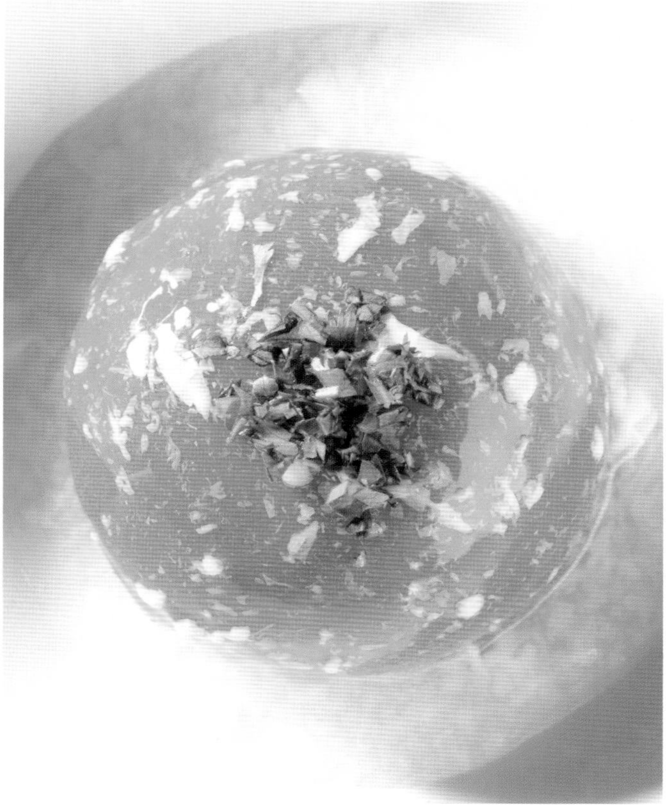

만드는 법

❶ 토마토는 윗부분을 자르고 뜨거운 물에 데쳐서 껍질을 벗기고 안쪽 속 부분을 파낸다.
❷ 오징어살, 전복, 관자, 죽순, 표고버섯, 양파를 0.5cm 두께로 썰어 준비한다.
❸ 팬에 식용유를 넣고 대파, 생강, 마늘을 5초 정도 볶다가 썰어놓은 재료와 굴소스로 간을 해서 1분 정도 볶아준다.
❹ 물전분을 살짝 풀어 걸쭉하게 만든 후 토마토 속에 넣고 스팀에 6분 정도 쪄낸 다음 접시에 담는다.
❺ 팬에 물 1컵, 치킨파우더, 소금을 넣고 끓이다가 물전분을 풀어주고 계란흰자도 풀어 토마토 위에 부어준다
❻ ⑤에 잘게 썬 고수를 올려 완성시킨다.

청두탕면

재료

생면 160g, 다진돼지고기 50g, 그린빈스 100g, 잘게썬대파 2T, 다진생강 1t, 다진마늘 1t

* **소스 :** 고추기름 3T, 청주 1T, 간장 1T, 두반장 1t, 소금 0.5t, 물 2.5컵, 후춧가루 1st, 참기름 1/2st

만드는 법

❶ 생면은 끓는 물에 3번 정도 삶아서 찬물에 씻은 다음 데쳐서 그릇에 담는다.
❷ 그린빈스는 잘게 송송 썰어서 기름에 살짝 익혀준다.
❸ 팬에 고추기름을 넣고 먼저 다진고기와 두반장을 넣고 10초 정도 볶는다.
❹ 대파, 생강, 마늘을 넣고 5초 정도 더 볶다가 청주, 간장을 넣고 볶는다.
❺ 그린빈스를 넣고 10초 정도 더 볶아준 다음 육수를 붓고 끓인다.
❻ 소금, 후춧가루로 간을 한 다음 30초 정도 끓여서 참기름을 넣고 국수 위에 부어준다.

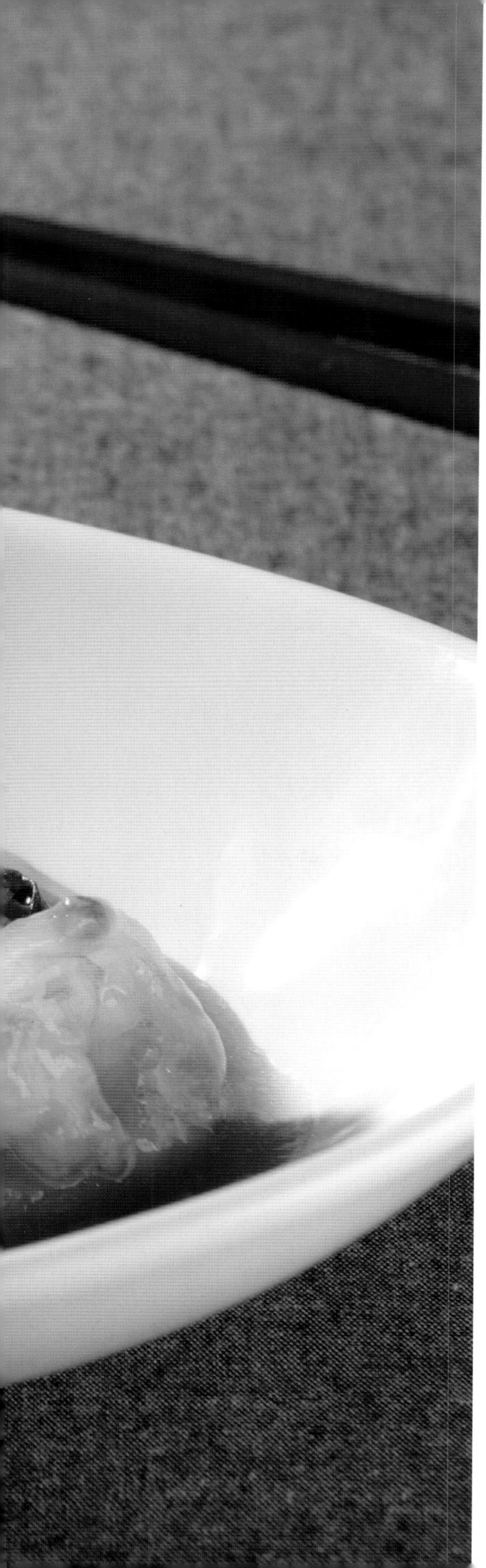

전가복

재료

표고버섯 2개, 양송이 2개, 청경채 1뿌리, 홍피망 1/4개, 죽순 50g, 불린해삼 60g, 깐은행 10알, 중하 4마리, 갑오징어살 80g, 소라 2개, 닭가슴살 40g, 당근 1개, 식용유 2T, 청주 1T, 간장 1t, 굴소스 1T, 물 2T, 물전분 1T, 전복 1개, 송이버섯 1개, 키조개살 1개, 아스파라거스 1개, 대파 1/2개, 다진생강 1t, 다진마늘 1T

* **볶음소스 :** 식용유 2T, 청주 1T, 간장 1t, 굴소스 1t, 육수 1/2컵, 물전분 1T, 참기름 1t

만드는 법

❶ 해삼, 표고버섯, 당근, 양송이, 죽순은 편으로 썰고 청경채는 4cm 길이로 썬다.
❷ 중하는 내장을 제거하고 갑오징어는 대각선으로 칼집을 넣어 4cm 크기로 썬다. 소라, 닭고기 역시 비슷한 크기로 썬다.
❸ 다듬은 재료와 깐은행을 끓는 물에 데친다.
❹ 전복은 삶아서 편으로 썰고 송이버섯과 키조개살도 편으로 썰어놓는다. 아스파라거스는 껍질을 제거하고 3~4cm 길이로 썬다.
❺ ④의 재료도 따로 끓는 물에 데쳐 준비한다.
❻ 대파는 반으로 갈라 잘게 썰고 마늘과 생강은 편으로 썬다.
❼ 팬에 식용유를 넣고 대파, 생강, 마늘을 5초 정도 볶다가 청주와 간장을 넣고 먼저 데친 재료를 볶는다.
❽ 굴소스, 물을 넣어 간을 한 다음 물전분을 풀어서 접시에 담는다.
❾ 다시 팬에 식용유, 청주, 간장, 굴소스, 물을 넣고 끓인다.
❿ 나중에 데친 재료를 넣고 다시 끓이다가 물전분을 넣어 걸쭉하게 만든 후 참기름을 넣고 먼저 볶아 놓은 요리 위에 뿌려준다.

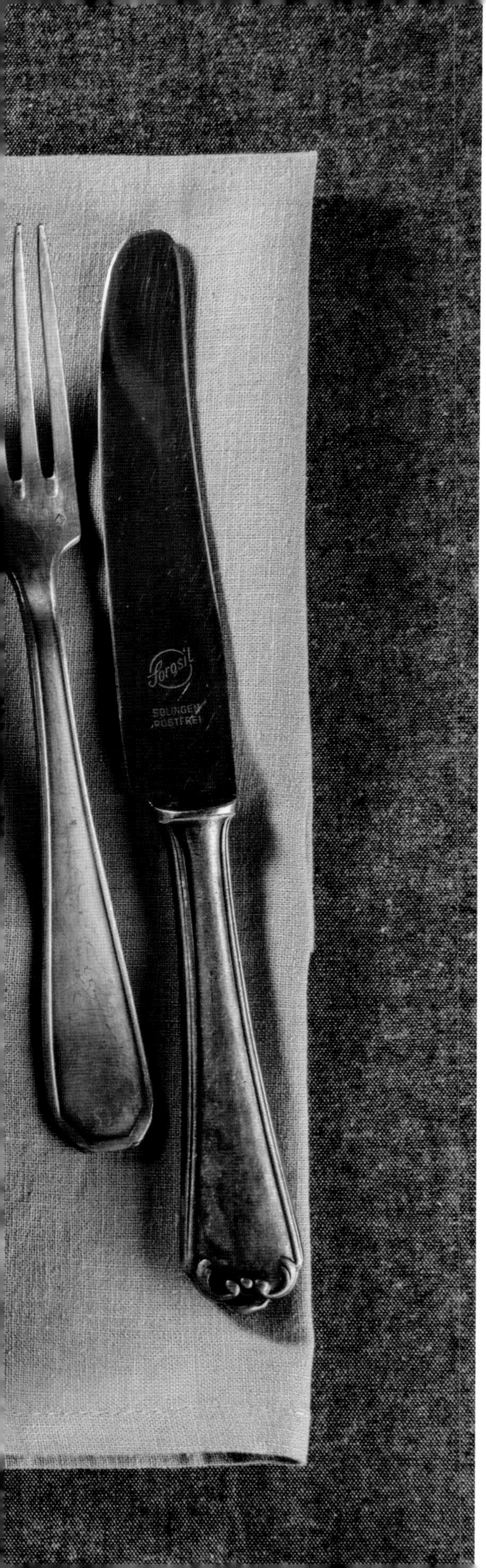

길품전복

재료

전복 3개, 삼겹살 200g, 닭날개 2개, 대파 1개, 생강 1쪽

* **소스** : 소흥주 2T, 간장 2T, 굴소스 2T, 물 6컵, 물전분 2T

만드는 법

❶ 전복을 삶아서 껍질과 내장을 제거해 준비한다.
❷ 팬에 물을 붓고 삶은 전복, 삼겹살, 닭날개, 대파, 생강, 소흥주, 간장, 굴소스를 넣고 3시간 정도 졸인다.
❸ 중간 중간 물을 약간씩 첨가하면서 졸인 다음 5시간 정도 식혀준다.
❹ 다시 스팀에 두 시간 정도 쪄서 전복을 꺼내 접시에 담고 쪄낸 육수에 물전분을 풀어서 부어준다.

유림기

재료

닭다리살 2쪽, 전분 1/3컵, 계란흰자 1개, 양상추 1/2개, 청주 1t, 간장 1t, 후춧가루 1t, 식용유 3컵

* **소스 :** 다진대파 1T, 홍고추 1/2개, 청고추 1/2개, 물 2T, 간장 2T, 설탕 1T, 식초 2T, 참기름 1t, 다진마늘 1t, 후춧가루 약간

만드는 법

❶ 닭다리살은 살코기가 굵은 부분을 넓적하게 편으로 떠준다.
❷ 손질한 닭고기에 청주, 간장, 후춧가루를 넣고 밑간한 다음 계란흰자, 전분으로 튀김옷을 입힌다.
❸ 식용유 3컵을 넣고 170도 정도로 가열한 다음 닭고기를 넣고 3분 정도 바삭하게 튀겨낸다.
❹ 양상추는 먹기 좋은 크기로 잘라서 접시에 담아놓는다.
❺ 대파, 청·홍고추를 잘게 썬 다음 물, 간장, 설탕, 식초, 참기름을 넣고 소스를 만들어놓는다.
❻ 튀겨낸 닭고기를 1.5cm 굵기로 길게 썰어서 양상추 위에 올려준다.
❼ 미리 만들어놓은 소스를 부어준다.

한알탕수육

재료

돼지고기 160g, 완두콩 15g, 당근 1개, 오이 1/4개, 파인애플 1쪽, 목이버섯 2개, 대파 1/2개, 생강 1쪽, 계란 1개, 전분 1컵, 청주 1t, 소금 약간, 식용유 4컵

* **소스 :** 식용유 1T, 간장 1 1/2T, 설탕 4T, 식초 3T, 물 1컵, 물전분 3T

만드는 법

❶ 돼지고기는 기름과 힘줄 등을 제거하고 3×2×0.5cm 정도로 썰어 청주, 간장을 조금 넣어 초벌 양념을 한다. 여기에 계란흰자와 전분으로 튀김옷을 입힌다.

❷ 이를 한 알씩 꺼내서 다시 마른전분으로 입혀낸 다음 기름에 하나씩 튀겨낸다.

❸ 30초 정도 튀기다 꺼내서 국자 등으로 툭툭 치고, 다시 기름에 3~4분 정도 튀겨준다.

❹ 당근, 오이, 대파, 생강은 편으로 썰고, 파인애플은 4등분한다. 목이버섯은 물에 담가 불려놓는다.

❺ 팬에 대파, 생강을 볶다가 나머지 야채를 넣고 5초 정도 볶는다. 여기에 물을 1컵 정도 넣고 간장, 설탕, 식초를 넣어 끓인다.

❻ 물전분을 붓고 걸쭉하게 만든 다음 튀김 고기를 넣고 잘 섞어 낸다.

Executive Chef
Yeo Kyung Ok

부용제비집

재료

불린제비집 10g, 게살 70g, 팽이버섯 10g, 대파 1/4개, 다진생강 1st, 다진마늘 1t, 식용유 2컵, 계란흰자 2개

* **소스 :** 식용유 1T, 생크림 1T, 청주 1T, 소금 1t, 물 1T, 설탕 1st, 물전분 1T

만드는 법

❶ 제비집은 5시간 정도 물에 담가 두었다가 스팀에 1시간 정도 찐 다음 이물질을 제거하고 불려놓는다.
❷ 게살은 속뼈를 제거해 잘게 뜯어놓고 팽이버섯은 뿌리를 잘라놓는다.
❸ 대파, 생강, 마늘은 잘게 썰어 준비한다.
❹ 팬에 식용유를 넣고 160도로 가열한 다음 계란흰자를 넣고 잘 저어가면서 익힌 다음 건져놓는다.
❺ 팬에 식용유를 넣고 대파, 생강, 마늘을 볶다가 청주를 넣는다.
❻ 생크림, 육수, 팽이버섯, 게살, 제비집, 소금, 설탕을 넣고 끓이면서 물전분을 풀어준다.
❼ ④의 익힌 계란흰자를 ⑥에 넣어서 빠르게 볶은 후 접시에 담는다.

마늘소스 새우가지튀김

재료

가지 1개, 새우 100g, 다진대파 1T, 다진생강 약간, 전분 1T, 청주 1t, 소금 1st, 다진마늘 1T, 식용유 2컵

* **마늘소스 :** 식용유 2T, 청주 1T, 간장 1T, 노두유 1st, 육수 150ml, 후추 1st, 물전분 2T, 참기름 1t

만드는 법

❶ 가지는 얇게 편으로 썬 다음 전분을 살짝 바른다.
❷ 새우는 내장을 제거하고 다져서 다진대파, 생강, 소금, 청주, 전분을 넣고 버무린 다음 가지와 가지 사이에 넣고 눌러준다.
❸ 가지 겉에 계란흰자를 바른 다음 마른전분을 발라서 기름으로 튀겨 낸다.
❹ 팬에 식용유를 넣고 다진마늘을 살짝 볶다가 청주, 간장을 넣고 육수를 붓는다.
❺ 굴소스, 노두유, 후춧가루를 넣고 간을 한 다음 물전분을 풀어 걸쭉하게 만든다.
❻ 참기름을 넣고 튀긴 가지 위에 뿌려준다.

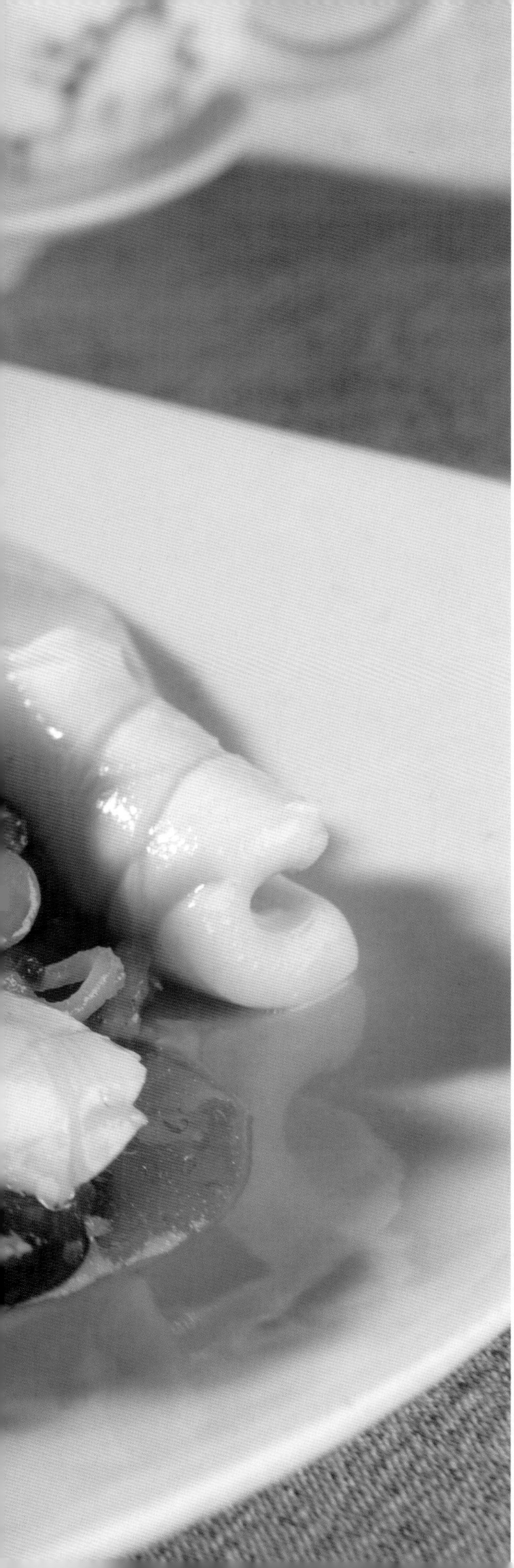

팔진초면

재료

생면 120g, 중하 1마리, 오징어살 1/2쪽, 쇠고기 40g, 닭가슴살 40g, 죽순 40g, 표고버섯 1개, 양송이 1개, 청경채 1개, 대파 1/2개, 다진마늘 1/2T, 다진생강 1/2t

* **소스 :** 식용유 1/2컵, 식용유 2T, 청주 1T, 간장 1T, 굴소스 1T, 후춧가루 1st, 육수 2/3컵, 물전분 2T, 참기름 1st

만드는 법

❶ 모든 재료는 편으로 썰어 준비한다.
❷ 국수는 삶아서 찬물에 잘 씻고 기름에 전처럼 지져서 잘 풀어준 다음 접시에 담는다.
❸ 팬에 식용유를 넣고 대파, 생강, 마늘을 먼저 볶다가 청주, 간장을 넣은 후 나머지 재료를 넣고 볶는다.
❹ 굴소스, 후춧가루, 육수를 넣고 볶다가 물전분을 풀어 걸쭉해지면 참기름을 넣고 바로 국수 위에 부어준다.

동파육

재료

삼겹살 300g, 대파 1개, 생강 1개, 마늘 3개, 팔각 1개, 청경채 4개

* **소스 :** 소금 1t, 식용유 2컵, 물 3컵, 청주 1T, 간장 4T, 설탕 1T, 치킨파우더 1T, 노두유 1T, 후춧가루 1t, 물전분 2T

만드는 법

❶ 삼겹살은 끓는 물에 1시간 정도 삶은 다음 굵기 2.5cm 크기로 잘라서 그릇에 담고 대파, 생강, 마늘, 팔각을 같이 넣어준다.
❷ 물, 청주, 간장, 설탕, 치킨파우더, 노두유, 후춧가루를 삼겹살과 함께 약 90분 정도 삶거나 쪄낸다.
❸ 쪄낸 고기는 접시에 담아낸다.
❹ 청경채를 먹기 좋은 크기로 잘라서 끓는 물에 데쳐 고기 옆에 놓는다.
❺ 팬에 청주를 넣고 쪄낸 ②의 소스를 200ml 정도 붓고 간을 본 다음 끓인다.
❻ 끓으면 물전분을 풀어 걸쭉하게 소스를 만들어서 참기름을 넣고 고기 위에 뿌려낸다.

광동식 생선찜

재료

활어 1마리(800g), 대파 1개, 생강 1쪽, 고수 2뿌리

* **소스** : 식용유 3T, 청주 1T, 간장 3T, 굴소스 1T, 물 1/2컵, 설탕 1t

만드는 법

❶ 활어는 비늘, 아가미, 내장을 제거하고 등 부분에 칼집을 넣어준다.
❷ 끓는 물에 ①을 살짝 데쳐준 다음 대파, 생강을 올려서 8분간 쪄준다.
❸ 대파와 생강을 제거한 뒤 다시 위에 새 대파와 생강을 채 썰어서 올려준다.
❹ 식용유를 3T 정도 팬에 넣고 뜨겁게 달군 다음 대파, 생강채 위에 뿌려준다.
❺ 물, 간장, 굴소스, 설탕을 넣고 끓인 다음 생선 위에 뿌려주고 위에 고수를 올린다.

해물두반두부

재료

두부 1모, 죽순 50g, 표고버섯 1개, 대파 1/3쪽, 마늘 2개, 생강 1쪽, 식용유 2컵, 중하 3마리, 키조개살 1개, 해삼 60g, 청피망 1/3개, 홍피망 1/3개

* **소스 :** 고추기름 2T, 청주 1T, 간장 1t, 굴소스 1T, 두반장 1t, 물 2/3컵, 물전분 2T, 참기름 1t

만드는 법

❶ 두부는 굵기 1cm 사방 5cm 삼각형으로 일정하게 썬 다음 수분을 닦아내고 기름에 노릇하게 튀겨낸다.
❷ 중하는 등을 갈라서 내장을 제거해주고 해삼, 키조개살, 죽순, 표고버섯, 청·홍피망을 편으로 썬 후 끓는 물에 같이 데친다.
❸ 대파, 생강, 마늘은 잘게 편으로 썬다.
❹ 팬에 고추기름을 두르고 대파, 생강, 마늘을 넣어 볶는다.
❺ 두반장, 청주, 간장을 넣은 후 데친 재료를 넣고 30초 정도 볶다가 육수를 넣는다.
❻ 물전분을 넣어 걸쭉하게 풀어준 다음 참기름을 넣고 접시에 담는다.

어향소스 우육권

재료

소등심 150g, 팽이버섯 1/2봉, 계란흰자 1개, 전분 2T, 소금·후춧가루·청주 약간, 목이버섯 20g, 샐러리 20g, 홍피망 1/4개, 다진대파 1T, 다진마늘 1T, 다진생강 1T

* **어향소스 :** 식용유 1컵, 고추기름 2T, 청주1T, 간장 1T, 두반장 1t, 설탕 1T, 식초 1T, 후춧가루 1st, 육수 2/3컵, 물녹말 2T

만드는 법

❶ 소등심은 5×5cm 정도 얇고 넓게 편으로 떠서 소금, 후춧가루, 청주로 밑간을 한 다음 한쪽에 전분을 발라놓는다.
❷ 팽이버섯은 뿌리 부분을 자르고 소등심 위에 올린 다음 둘둘 말아준다.
❸ 계란흰자와 전분을 넣고 엷게 튀김옷을 만든 다음 ②의 소고기말이를 묻혀 기름에 튀겨낸다.
❹ 팬에 고추기름을 두르고 다진대파, 다진생강, 다진마늘을 볶은 다음 잘게 썬 목이버섯, 샐러리, 홍고추를 넣고 약 5초 정도 볶는다.
❺ 청주, 간장, 두반장, 설탕, 식초, 후춧가루, 물을 넣고 끓인 다음 물전분을 풀어 걸쭉하게 농도를 맞춰서 어향소스를 만든다.
❻ 완성된 어향소스를 소고기말이 위에 뿌려준다.

검은콩소스 해삼말이

재료

불린해삼 200g, 새우 90g, 다진대파 1t, 다진생강 1t, 청주 1t, 후추·소금 약간씩, 전분 1/2컵, 식용유 2컵, 청피망 1/4개, 홍피망 1/4개, 다진대파 1T, 다진마늘 1T, 다진생강 1T

* **소스 :** 식용유 2T, 청주 1T, 굴소스 1t, 간장 1t, 콩자장 1t, 설탕 1t, 육수 1/2컵, 물녹말 2T

만드는 법

❶ 새우살을 다지고 대파, 생강, 청주, 후춧가루, 소금, 전분을 넣어 잘 버무린다.
❷ 해삼은 얇게 편으로 떠서 물기를 닦고 안쪽에 마른전분을 발라 다진 새우를 속에 넣고 돌돌 말아둔다.
❸ ②에 마른전분을 다시 바르고 기름에 튀겨서 접시에 담는다.
❹ 나머지 야채는 모두 다지거나 곱게 썰어 준비한다.
❺ 팬에 기름을 넣고 콩자장, 대파, 생강, 마늘을 먼저 볶는다.
❻ 5초 정도 볶아준 다음 청주, 간장과 함께 곱게 썬 야채를 넣고 볶다가 양념을 하고 물을 넣어 끓인다.
❼ 끓으면 물전분을 풀어서 걸쭉하게 만든 다음 튀겨놓은 해삼 위에 뿌려낸다.

양장피잡채

재료

양장피 1장, 오이 1/3개, 오징어 50g, 중하 2마리, 해삼 60g, 전복 1마리, 돼지고기50g, 양파 1/3개, 호박 30g, 부추 30g, 대파 1/2개, 생강 1쪽, 목이버섯 30g

* **볶음소스** : 식용유 2T, 청주 1T, 간장 1T, 참기름 1t, 굴소스 1T
* **겨자소스** : 겨자가루 1T, 따뜻한 물 2T, 물 1T, 식초 1T, 설탕 1T, 소금 1t

만드는 법

❶ 겨자가루와 따뜻한 물을 1:1 분량으로 섞고 따뜻한 곳에서 약 10분 정도 발효시킨 다음 물, 식초, 설탕, 소금을 넣어 겨자소스를 만든다.
❷ 중하와 전복, 오징어는 끓는 물에 데치고 오이는 편 썰어 접시에 담는다.
❸ 양장피는 끓는 물에 삶아서 찬물에 헹군 다음 물기를 빼고 간장, 참기름을 넣어 버무린 후 접시 중앙에 담는다.
❹ 돼지고기와 양파, 호박, 당근, 생강은 채 썰고 부추는 5cm 길이로 일정하게 썰어 따로 준비한다.
❺ 팬에 식용유를 넣고 돼지고기와 대파, 생강을 먼저 볶은 다음 청주, 간장을 넣고 채 썬 양파, 호박, 당근을 볶는다. 여기에 굴소스, 후춧가루 등을 넣고 간을 한 후 부추를 넣어 약 5초간 볶는다.
❻ 참기름을 넣고 양장피 위에 올려준다.
❼ 접시에 데코한 재료 위에 겨자소스를 뿌려준다.

발채버섯볶음

재료

발채 10g, 표고버섯 80g, 송이버섯 60g, 새송이버섯 60g, 초고버섯 60g, 대파 1/4쪽, 생강 약간, 마늘 2쪽

* **소스 :** 식용유 2T, 청주 1T, 간장 1T, 굴소스 1T, 물 2T, 물전분 2T, 참기름 1st

만드는 법

❶ 발채는 따뜻한 물에 20분 정도 담근 다음 이물질 제거 후 씻어서 준비한다.
❷ 대파, 생강, 마늘을 편으로 썰어 준비한다.
❸ 표고버섯, 송이버섯, 새송이버섯, 초고버섯도 편으로 썰어서 뜨거운 물에 데쳐 물기를 빼준다.
❹ 팬에 식용유를 넣고 대파, 생강, 마늘을 먼저 볶아준다.
❺ 다시 청주, 간장을 넣고 데친 버섯을 볶아준다.
❻ 발채, 굴소스, 물도 넣고 20초 정도 더 볶은 다음 물전분을 풀어준다.
❼ 참기름을 넣고 마무리한 후 접시에 담는다.

요리를 한다는 건
그 자체로 행복이고
음식은 이를 함께
나눌 수 있는 기쁨이다

불과의 싸움

"중식은 불맛이다." 그만큼 불을 다루는 솜씨가 중요하다는 이야기다. 불과 요리사는 일심동체가 되어야 한다.

요리사에게도 철학이 있어야 한다. 그것은 자신을 완성시킨다.

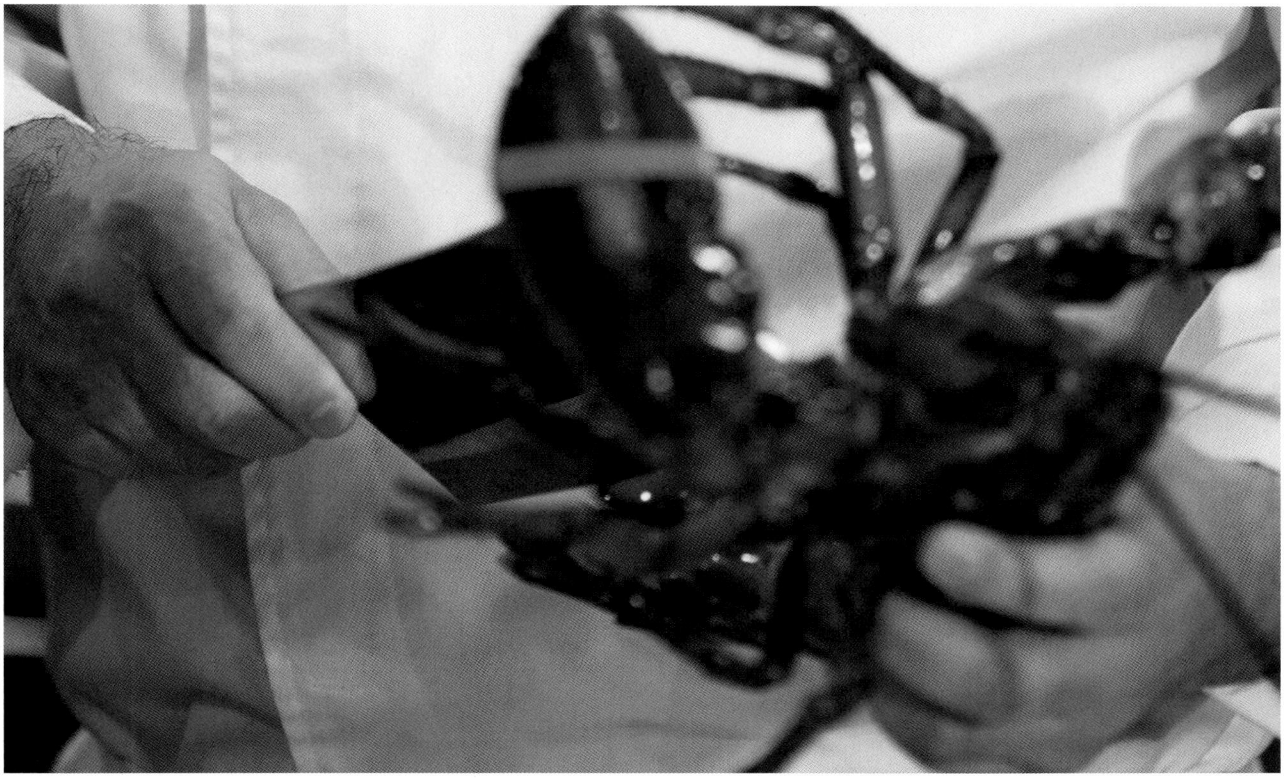

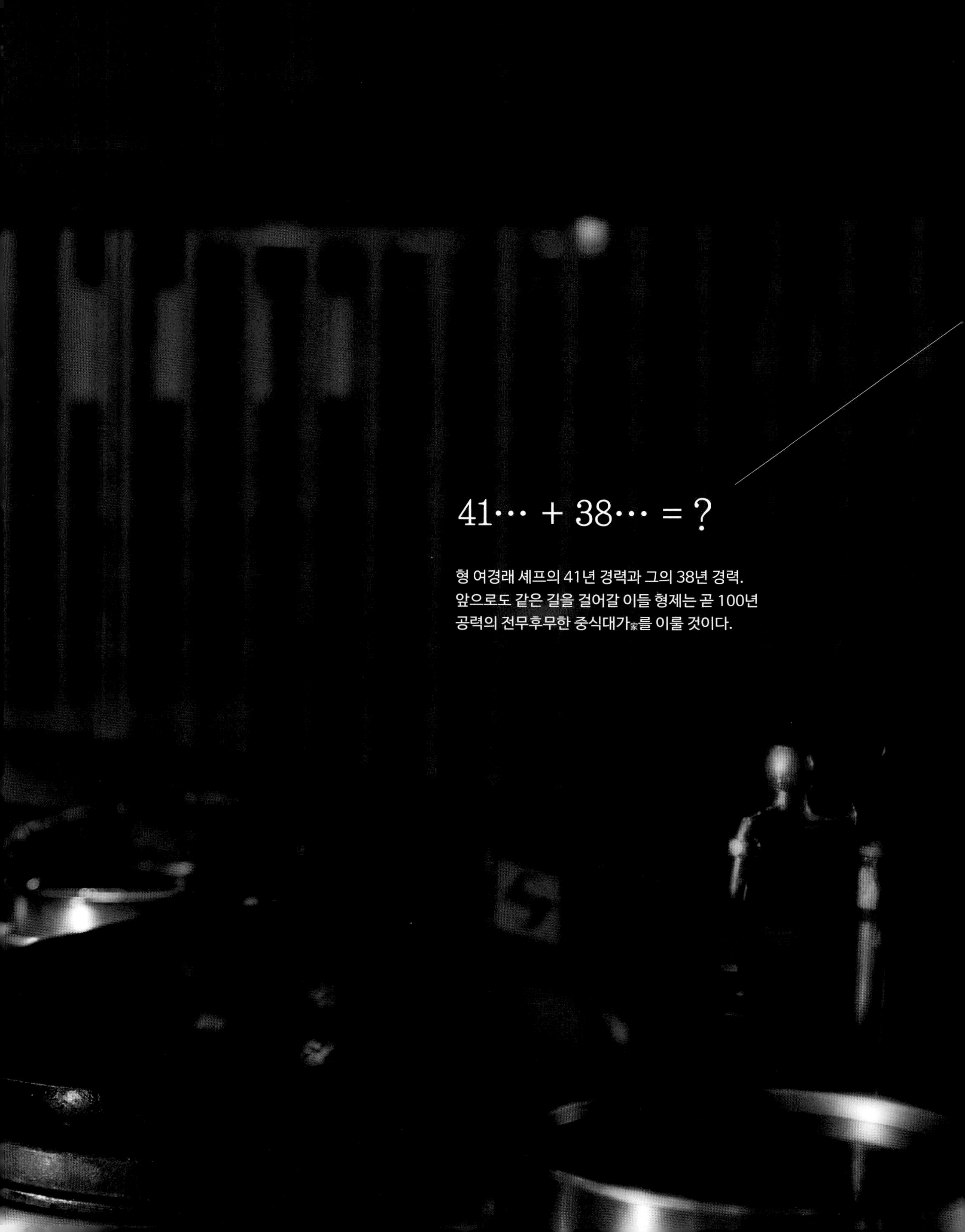

41··· + 38··· = ?

형 여경래 셰프의 41년 경력과 그의 38년 경력.
앞으로도 같은 길을 걸어갈 이들 형제는 곧 100년
공력의 전무후무한 중식대가家를 이룰 것이다.

중식대가의 길

"형을 따라 무작정 중식계에 입문한지
38년이란 시간이 흘렀다.
짧지 않은 시간 동안 쌓아온 경험을 바탕으로
'건강한' 중식 조리법 연구를 계속할 것이다."

HOTEL SEOUL
CHEF